The World of 5G

The World of 5G
Internet of Everything

总顾问 / 邬贺铨　总主编 / 薛泉

的　世　界

万　物　互　联

薛　泉　主编

SPM 南方出版传媒
广东科技出版社 | 全国优秀出版社
·广州·

图书在版编目（CIP）数据

万物互联 / 薛泉主编. —广州：广东科技出版社，2020.8（2022.8重印）
（5G的世界 / 薛泉总主编）
ISBN 978-7-5359-7519-5

Ⅰ.①万…　Ⅱ.①薛…　Ⅲ.①无线电通信—移动通信—通信技术　Ⅳ.①TN929.5

中国版本图书馆CIP数据核字（2020）第122894号

万物互联

The World of 5G
Internet of Everything

出 版 人：朱文清
项目策划：严奉强　刘　耕
项目统筹：刘锦业　湛正文
责任编辑：刘　耕
封面设计：彭　力
责任校对：李云柯
责任印制：彭海波
出版发行：广东科技出版社
（广州市环市东路水荫路11号　邮政编码：510075）
销售热线：020-37607413
http://www.gdstp.com.cn
E-mail：gdkjbw@gdstp.com.cn（编务室）
经　　销：广东新华发行集团股份有限公司
排　　版：创溢文化
印　　刷：广州市岭美文化科技有限公司
（广州市荔湾区花地大道南海南工商贸易区A幢　邮政编码：510385）
规　　格：889mm × 1 194mm　1/32　印张5　字数100千
版　　次：2020年8月第1版
2022年8月第3次印刷
定　　价：29.80元

“5G的世界”丛书编委会

总 顾 问：邬贺铨

总 主 编：薛　泉

副总主编：车文荃

执行主编：周　善

委　　员（按姓氏笔画顺序排列）：

王鹏亮　朱文清　刘　欢　严奉强

吴　伟　宋国立　陈　曦　林海滨

徐志强　郭继舜　黄文华　黄　辰

《5G的世界　万物互联》

主　　编：薛　泉

副 主 编：车文荃　赵建平

编　　委：唐　锟　沈光煦　邓　帅

王子涵　罗　涛

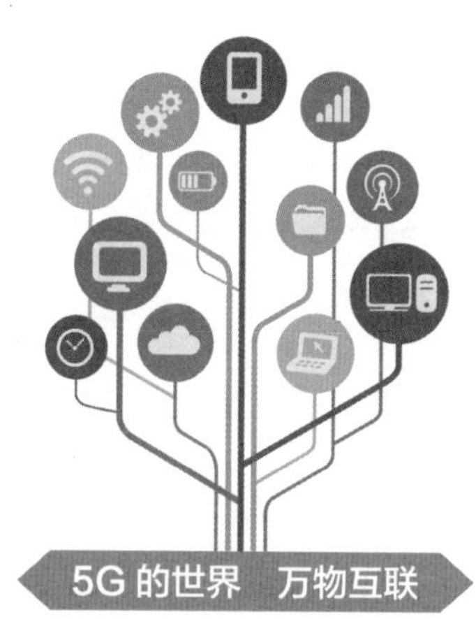
5G的世界　万物互联

序一

5G赋能社会飞速发展

5G是近年来全球媒体出现频次最高的词汇之一。5G之所以如此引人注目，是因为无论从通信技术本身还是从由此可能引发的行业变革来看，它都承载了人们极大的期望。回顾人类社会的发展历程，技术变革无疑是最大的推手之一。前两次工业革命，分别以蒸汽机和电力的发明为主要标志，其特征分别是机械化和电气化。当历史的车轮驶入21世纪，具有智能化特征的新一轮产业革命呼之欲出，它对人类文明和经济发展的影响将不亚于前两次工业革命。那么，它的推手又是什么呢？相比前两次工业革命，推动新一轮产业革命的不再是单一的技术，而是多种技术的融合。其中，移动通信、互联网、人工智能和生物技术，是具有决定性影响的元素。

作为当代移动通信技术制高点的5G，它是赋能上述其他几项关键技术的重要引擎。同时我们也可以看到，5G出现在互联网发展最需要新动能的时候。在经历了几乎是线性的快速增长之后，中国互联网用户数增长速度在下降，移动电话用户普及率接近天花板。社会生活的快节奏激活了网民对短、平、快新业态的追求，提速降费减轻了宽带上网的资费压力，短视频、小程序风生水起……但这些还是很难担当起互联网新业态的大任。互联网的下一步发展需要新动能、新模式来破解这个难题。被看作互联网下半

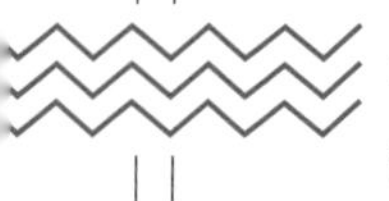

场的工业互联网刚刚起步，其新动能还难以弥补消费互联网动能的不足。目前正是互联网发展新旧动能的接续期，在消费互联网需要深化、工业互联网正在起步的时候，5G的出现正当其时。

5G是最新一代蜂窝移动通信技术，特点是高速率、低时延、广连接、高可靠。和4G相比，5G峰值速率提高了30倍，用户体验速率提高了10倍，频谱效率提升了3倍，移动性能支持时速500km的高铁，无线接口时延减少了90%，连接密度提高了10倍，能效和流量密度均提高了100倍，能支持移动互联网和产业互联网的诸多应用。相比前四代移动通信技术，5G最重要的变化是从面向个人扩展到面向产业，为新一轮产业革命需要的万物互联提供不可或缺的高速、巨量和低时延连接。因此，5G不仅仅是单纯的通信技术，更是一种重要的“基础设施”。

在全社会都在谈论5G、期待5G的大背景下，广东科技出版社牵头组织了这套丛书的编撰发行，面向社会普及5G知识，以提高国民科学素养，适逢其时，也颇有文化传承担当。与市面上已经出版的众多关于5G的书籍相比，这套丛书具有突出的特色。首先，总主编薛泉教授是毫米波与太赫兹领域的专家，近年来一直聚焦5G前沿核心技术的研究，由他主导本丛书的编撰并由其团队负责《5G的世界　万物互联》这一分册的撰写，可以很好地把握5G技术的科普呈现方式。另外，丛书聚焦5G在垂直行业的融合应用，正好契合社会对5G的关切热点。编撰团队包括华南理工大学广东省毫米波

与太赫兹重点实验室、广州汽车集团股份有限公司汽车工程研究院、南方医科大学、广州瀚信通信科技股份有限公司、创维集团有限公司等的行业专家，由他们分别主编相应的分册。这套丛书不仅切中行业当前的痛点，而且对5G赋能行业的未来也有恰如其分的畅想，对于期待新技术赋能实现新一轮产业变革的社会大众，将是不可多得的科普书籍。本套丛书首期发行5个分册。

难能可贵的是，本丛书在聚焦5G与其他技术融合为垂直行业带来巨变的同时，也探讨了技术进步可能为人类带来的负面作用。在科学技术的进步过程中，对人性、伦理、道德、法律等的坚守必不可少。在加速推进科技发展的同时，人类的人性主导和思考能力不能缺席，“安全阀”和“刹车”的设置不可或缺。我们需要认清科技的“双刃剑”作用，以便更好地扬长避短，化被动为主动。

5G已经呼啸而来，其对人类社会发展的影响将不可估量。让我们一起努力，一起期待。

邬贺铨

中国工程院院士

2020年5月

序二

5G是垂直行业升级发展的引擎

众所周知，我们正在逐步迈向一个数字化的时代，很多行业和技术都将围绕数据链条来展开。在这个链条当中，移动通信技术发挥的主要作用就是数据传输。如果没有高速率通信技术的支撑，需要高清视频、多设备接入和多人实时的双向互动等性能的应用就很难实现。5G作为最新一代蜂窝移动通信技术，具备高速率、低时延、广连接、高可靠的特点。

2020年是5G商用元年，预计到2035年前后5G的使用将达到高峰。5G将主要应用于以下7大领域：智能制造、智慧城市、智能电网、智能办公、智慧安保、远程医疗与保健、商业零售。在这7大领域中，预计有接近50%的5G组件将被应用到智能制造，有接近18.7%将被应用到智慧城市建设。

5G的重要性，不仅体现在对智能制造等行业升级换代的极大推动，还体现在和人工智能的下一步发展也有直接的关联。人工智能的发展，需要大量的用户案例和数据，5G物联网能够提供学习的数据量是4G根本无法比拟的。因此，5G物联网的发展，对人工智能的发展具有十分重要的推动作用。依托5G可推进诸多垂直行业的升级换代，也正因为如此，5G的领先发展，成为推动国家科技和经济发展的重要引擎，也成为中美在科技领域争夺的焦点。

在这样一个大背景下，广东科技出版社牵头组织“5G

的世界”系列图书的编写发行，聚焦5G在诸多行业的融合应用及赋能，包括制造、医疗、交通、家居、金融、教育行业等。一方面，这是一项很有魄力和文化担当的举措，可以向民众普及5G的知识，提升国民科学素养；另一方面，对于希望了解5G技术与行业融合发展趋势的业界人士，本丛书也极具参考价值。

这套丛书由华南理工大学广东省毫米波与太赫兹重点实验室主任薛泉教授担任总主编。薛泉教授作为毫米波与太赫兹技术领域的专家，既能把控丛书的科普特色，又能够确保将技术特色准确而自然地融汇到各分册之中。这套丛书计划分步出版发行，首发5个分册，包括《5G的世界　万物互联》《5G的世界　智能制造》《5G的世界　智慧医疗》《5G的世界　智慧交通》和《5G的世界　智能家居》。这套丛书的编撰团队颇具实力，除《5G的世界　万物互联》由华南理工大学广东省毫米波与太赫兹重点实验室技术团队撰写之外，其余4个分册由相关行业专家主笔。其中，《5G的世界　智能制造》由广州汽车集团股份有限公司汽车工程研究院的专家撰写，《5G的世界　智慧医疗》由南方医科大学的专家撰写，《5G的世界　智慧交通》由广州瀚信通信科技股份有限公司撰写，《5G的世界　智能家居》由创维集团有限公司撰写。这种跨行业组合而成的撰写团队，具有很强的互补性和专业系统性。一方面，技术专家可以全面把握移动通信技术演变及5G关键技术的内容；另一方面，行业专家又能够准确把脉行业痛点、分析各行业与5G融合的利好与挑战，围绕中

心切中肯綮，并提供真实生动的案例，为业界同行提供很好的参考。

这套丛书的新颖之处，除了生动描述5G技术与行业融合可能带来的巨大变化之外，对于科技的高歌猛进可能给人类带来的负面影响也进行了探讨。在高科技飞速发展的今天，人性、伦理、思想不应该缺席，需要对技术进行符合科学和伦理的利用，同时设置必不可少的“缓冲垫”和“安全阀”。

（中国科学院院士）

2020年7月

目录

第一章　信息推进文明：人类求索之路从未停歇　001

一、人类信息传播方式的变迁　002

（一）语言——人类成为地球主宰的密钥　002

（二）文字——人类文明创建和传承的载体　003

（三）无线电——千山万水难阻挡的隔空交流　003

（四）互联网——天涯若比邻的高效分享　004

二、四代移动通信的迭代历程　007

（一）第一代（1G）移动通信：蜿蜒狭窄的乡间小路　008

（二）第二代（2G）移动通信：策马奔腾的通衢驿道　013

（三）第三代（3G）移动通信：驰骋畅行的柏油马路　018

（四）第四代（4G）移动通信：多车并驾的高速公路　024

（五）求索无止境，呼唤新科技　030

第二章　5G呼啸而至：世界万物互联梦想成真　033

一、5G背景：初试啼声的沃土　034

（一）标准化　034

（二）应用场景　037

二、5G频谱：巧妇为炊之稻米　040

（一）5G频谱标识　040

（二）5G频谱使用　042

（三）5G网络建设　044

三、5G系统介绍：初识庐山真面目　046

（一）整体情况　046

（二）无线接入　048

（三）系统架构　053

（四）终端　060

四、5G关键技术：施展魔力的绝招　066

（一）大规模多天线　066

（二）毫米波通信　070

（三）微小功率基站　071

（四）综合接入和回传　073

（五）设备到设备　074

五、面临挑战及其对策：更上一层楼　075

（一）信息安全　075

（二）绿色节能　077

（三）开放系统　079

（四）展望　080

第三章　5G魔幻使能：社会巨变，插上飞翔翅膀　083

一、5G赋能社会的改变　084

（一）5G赋能新时代创新力　084

（二）5G赋能智能新产业　085
二、5G助力垂直行业的进化　089
（一）助力提升制造业的生产效率　089
（二）助力健康医疗行业的发展　094
（三）助力城市交通的智能化演进　097
（四）助力家居生活的智能化进程　100
（五）助力媒体游戏行业的创新　105
（六）助力公用事业的服务效率　107
（七）助力金融行业服务质量的提升　112

第四章　超乎想象：技术为王，人类何去何从　117
一、5G之后技术走向何方　118
（一）应用需求大爆炸　119
（二）系统性能大飞跃　121
（三）智能的无线网络　123
二、5G之后人类命运将去向何方　127
（一）人类生活之巨变超乎想象　127
（二）人类被机器取代是否成真　129

附录　专业术语中英文对照　133

参考文献　140

后记　143

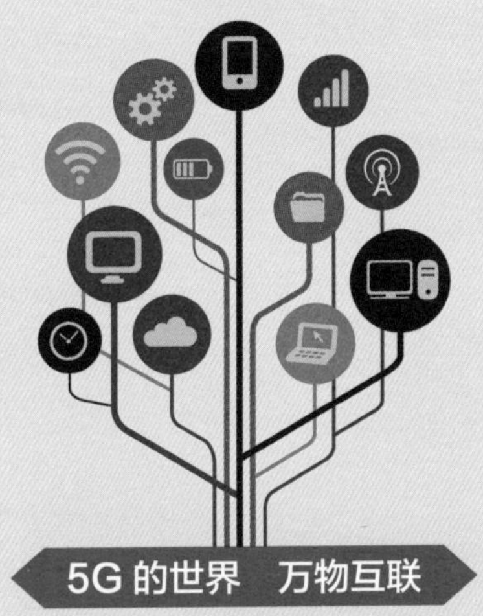
5G 的世界　万物互联

第一章

信息推进文明：人类求索之路从未停歇

一、人类信息传播方式的变迁

人类文明的进化史，本质上是一部信息记录和传播的历史，也是一部信息储存量逐步增大、信息传播速度和广度不断提升的历史。获得信息的能力，是改变人类的根本力量。从人类的起源来看，为什么是猿类最后进化成人类？很大程度上在于猿类与其他动物信息交流的能力不同。纵观历史，人类社会的发展速度与信息传输的速度几乎是成正比的。从语言、文字、无线电到互联网，信息储存量越来越大，信息传播的速度越来越快，而人类社会的发展也越来越高歌猛进。随着信息传播方式的不断递进，人类走出了一段科技发展、文明绵延的辉煌历程，成为蓝色地球上真正的“智慧生物”。下面简单回顾一下人类信息传播方式的变迁。

（一）语言——人类成为地球主宰的密钥

人类始祖——猿在进化的过程中，除了从爬行演变为直立行走、学会制造工具之外，最重要的成就是什么？是语言的形成。毫不夸张地说，语言成就了人类，进而造就了人类社会。虽然动物也有语言中枢，但人类在进化过程中形成的语言具有独特的社交属性和复杂的系统性，这是人类语言与动物语言的根本区别，也是人类最终成为世界主宰的重要因素。

语言最重要的功能是信息交流。语言的产生开启了第一次信

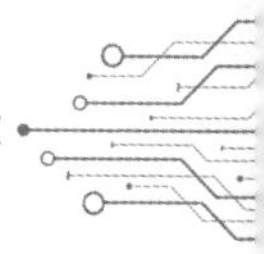

息革命，也由此构建了以信息分享为发展基础的人类社会。借助语言，人类可以实现信息的面对面同步传输，也可以通过口口相传的方法，在空间的维度上使信息传播到不同地域，或者在时间的维度上代代传承。但受记忆力和传播效率的限制，交流内容有限，传播人群有限。

（二）文字——人类文明创建和传承的载体

随着人类的进步和社会的发展，对信息储存的需求逐渐产生。语言信息具有不稳定性，单靠语言传输会造成误传，信息无法可靠储存，因而难以建立持久且成体系的信息传播。“上古无文字，结绳以记事”，在文字发明以前，人类依靠结绳等方式来保存一些信息，这种方式不仅信息储存量小，而且其自身局限也使其不可能成为信息的有效载体。

文字的出现，使人类社会可以对信息进行有效存储及传播，由此创建了可以代代传承从而绵延不绝的人类文明。比起单靠语言的交流，文字的应用实现了更可靠的记录和传输，引发了人类第二次信息革命。人类可追溯的漫长历史，完全得益于可以保存信息并跨越时空进行传播的文字这个载体。

（三）无线电——千山万水难阻挡的隔空交流

人类传播信息的方式从最初的口口相传、烽火报警，到通过驿站传递的书信，再到凝聚人类智慧和思想的书籍，信息传播的速度逐渐加快，信息传播的空间逐步扩大，涉及的人群逐渐增大。但是，无论是信件邮寄，还是书籍出版，都存在时间的局限

性，可能需要耗费几天甚至数月。随着人类社会的不断进步，这样的延时很难满足人们对信息传播速度的迫切需求。因此，改变人类信息传播历史的无线电开始登上舞台。18世纪，在富兰克林、伏特等科学家们艰苦的努力下，人类打开了研究电的大门。归因于法拉第、赫兹和麦克斯韦等科学家的贡献，电磁学理论得以完善和成熟，为无线电的产生奠定了坚实的基础。特斯拉、波波夫和马可尼等，都为无线电的开创和发明做出了卓越的贡献。1901年，马可尼完成了横跨大西洋3 600km的无线电通信，新的信息革命宣告来临。在电报的基础上，后来又相继诞生了电话和广播等无线电信息传播方式。

印刷术让文字借由书籍得以传播，但不是实时传播。采用无线电的电话和电台让语音突破了空间的限制，可以进行远距离的实时传播，这是人类信息传播历史上的一个重大变革。之后，作为多媒体重要载体的电视（被称为第四次信息革命的载体）问世，信息传递的方式更加丰富、更加具有冲击力，电视也成为现代文明的代表之一。电视的问世，极大地丰富了人类的精神文化生活，但它是单向的信息传播。随着时间的推移，已有的信息传播方式已无法满足人们不断增长的个性化需求，再次对信息革命提出了更高的要求。这一次，功能更强大的互联网登上了历史舞台。

（四）互联网——天涯若比邻的高效分享

为了满足人们对更快捷实时通信的渴求，特别是对信息双向互通的更高需求，互联网出现了。互联网使得信息传播达到了信

息革命史上的一个新高度。互联网有效地融合了之前的信息载体的所有特征：实时、远距离和多媒体，数字化使得信息传播具有了前所未有的灵活性。利用互联网，人们可以随时随地接收和传递信息。同时，由于互联网具有大容量存储优势，人们接触到了一个更广阔的信息世界。

起源于20世纪60年代的互联网，最初是冷战时期美苏建立的用于军事的网络，它可以把几台电脑主机连接起来。之后，可以实现主机之间通信的电子邮件问世，网络通信变得高效快捷。20世纪80年代，WAN（wide area network，广域网）的出现，令越来越多的人把互联网作为信息交流的工具。到了20世纪90年代，随着浏览器和网页技术的出现，互联网迎来高速发展的时代。1995年，NSFNet（美国国家科学基金会网）正式投入商用，互联网开始席卷全球。相较之前的信息传播方式，互联网传播信息的快捷性、实时和非实时的兼容性、内容的丰富性、传播范围的广泛性，都是史无前例的。借助互联网，信息的传输量和传输速度都达到前所未有的水平。借助互联网，各种信息高效互通，人类各种生活、生产活动的效率大大提升，直接促进了生产力和生产关系的快速进步。

从图1-1中总结的几种信息传播方式的变迁，我们可以发现，语言在猿进化至与其他动物截然分开的过程中，发挥了重要的作用。语言仅仅是信息传播的方式，甚至可以说是人类文明起始的标志。自此之后，随着信息传播方式越来越先进，传播距离越来越远，受影响的群体越来越大。人类如同穿上魔鞋的舞者，旋转速度越来越快，这是值得欣喜和骄傲的。下面

我们梳理并简述一下自20世纪80年代以来，对人类社会信息传播影响深远的移动通信技术。

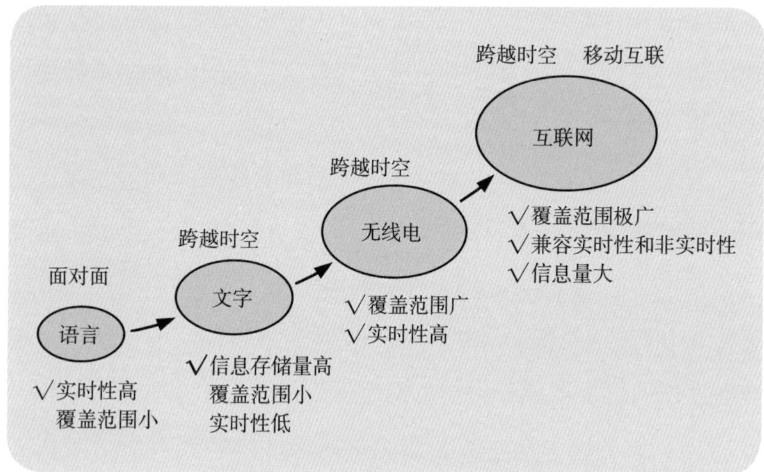

图1-1　人类信息传播方式的变迁

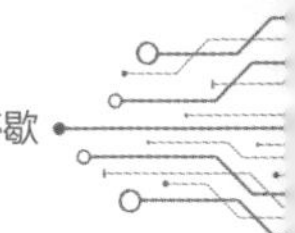

二、四代移动通信的迭代历程

继电报、电话的发明和电磁波的发现之后，19世纪中后期人们的通信方式发生了翻天覆地的变化。发展至今，移动通信已经更新换代了好几次，神话故事中的“千里眼”和“顺风耳”早已不再是异想天开，同时那个飘着墨香，车、马、邮件都慢的年代也渐渐离我们远去。我们一般使用1G到5G来划分移动通信史的阶段，这里的G，是英文generation的缩写，也就是“代”的意思。1G时代，信息传输效率低，采取的是模拟语音的形式，移动终端是大而笨重的“大哥大”，摩托罗拉是1G时代风靡一时的“明星”。到了2G时代，随着数字信号技术的发展，无线传输的信息是数字化以后的语音和文字；GSM（global system for mobile communications，全球移动通信系统）标准在2G时代形成主导地位，爱立信、诺基亚等品牌的通信设备在基站和终端领域成为霸主。3G时代，逐渐演化出WCDMA［wideband CDMA（code division multiple access），宽带码多分址］和CDMA 2000两大标准。与此同时，更多的文字、图像信息的传输开始普及，移动终端呈现轻便化、智能化趋势。这一阶段，最受人们欢迎的手机品牌有苹果、三星等。到了4G时代，LTE（long term evolution，长期演进）标准占据了主导地位，上网、视频、即时通信等多媒体技术蓬勃发展，丰富了人们的生活，物理键盘的消失、屏幕尺寸的扩大使得用户体验感加倍提升，华为开始跻身通信领导者行列。通过图1-2，我们可以更直观地看到移动通信终

端在迭代过程中的变化。如果用道路交通形象地比喻1G到4G的变化历程，那么就是从窄窄的乡间小道发展到平坦宽广的高速公路。而5G的出现，不仅仅是将马路变宽这么简单，它更像是高速的海陆空乃至星际航线的融合。“事要知其所以然”，要描述呼啸而至的5G对人们生活带来了哪些革命性的影响，我们不可避免地要聊到四代移动通信的迭代史。

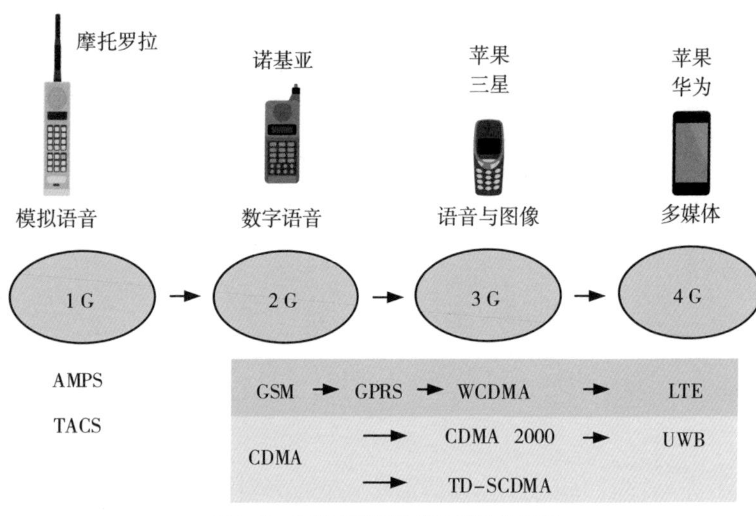

图1-2　四代移动通信终端的迭代历程

（一）第一代（1G）移动通信：蜿蜒狭窄的乡间小路

通过图1-3，我们可以对第一代移动通信的发展历程有一个大致的了解。1G移动通信是以模拟技术和频分多址（FDMA，frequency division multiple access）技术为基础的蜂窝无线电话系统，主要提供模拟语音业务。第一代移动通信通过对多路信号采用不同载波频率进行调制并传送的方法，从而实现多用户接入。

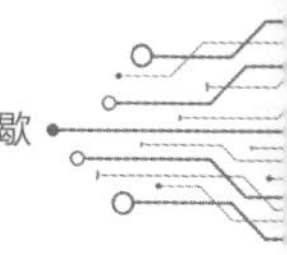

核心网采用以模拟技术为基础的公共交换电话网络（PSTN，public switched telephone network），理论传输速度的峰值才2Kb/s。

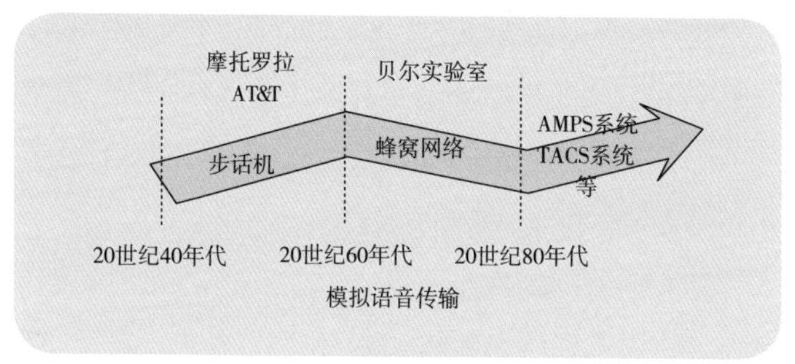

图1-3 第一代移动通信的发展历程

1. 发展历程

让我们的思绪回到1939年的万国博览会。就是在这次会议上，当时美国最大的电信运营商AT&T（American Telephone & Telegraph，美国电话电报公司）提出了第一代移动通信的概念。但是由于当时技术水平所限，没有合适的频段划分给移动通信技术的应用，这一想法被美国联邦通信委员会（FCC，Federal Communication Commission）驳回。直到30年后，即1969年，电视开始进入有线时代，很多电视台将原来用于电视信号传输的频谱退回，FCC才将这些频谱划分给移动通信。因此，1G时代这才“千呼万唤始出来”。

其实在AT&T苦苦等待的这几十年，移动通信已经在历史上留下了自己的脚印。比如摩托罗拉在20世纪40年代生产的步话机SCR-300、SCR-536，AT&T在20世纪40年代和60年代先后推出的MTS（mobile telephone service，移动电话服务）和IMTS（improved mobile telephone service，改进型移动电话服务）等。

20世纪80年代，传呼机开始走入中国百姓的生活，我们把这些应用于移动通信的技术称作0G移动通信，代表了前移动通信时代。但是这个时候通信终端要么笨重得出奇，比如步话机，重达几十千克，在“二战”中使用的时候甚至需要专门的通信兵来背；要么不具有直接传输语音的功能，比如传呼机，你在收到信号之后还需要另外找电话来回复。

20世纪60年代，贝尔实验室提出了蜂窝通信网络的概念，如图1-4所示。利用这种六边形的蜂窝状网络可以将移动通信的区域分成一个个近似蜂窝状的单元，每一个单元由相应的基站覆盖。在蜂窝通信网络内，相邻的单元采用不同的频率通信，避免相互干扰；两个不相邻的单元则可以分别使用相同的频率通信，从而实现频率的重复使用，提高了通信系统的用户接入数量，为第一代移动通信能够在20世纪70年代成长、80年代实现商用提供了技术保障。

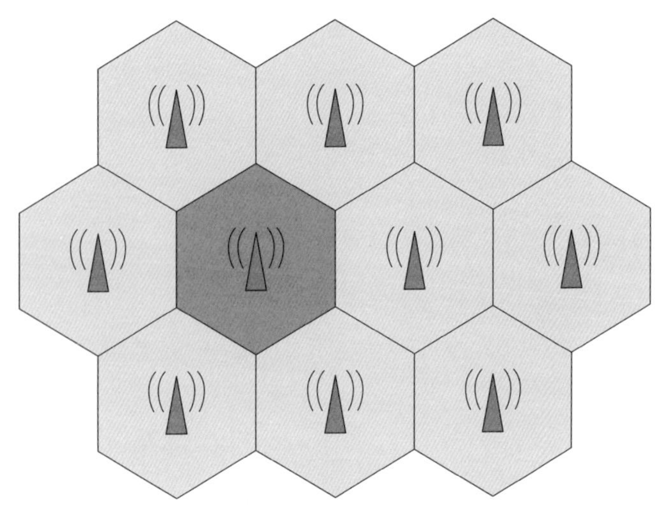

图1-4　蜂窝通信网络模型

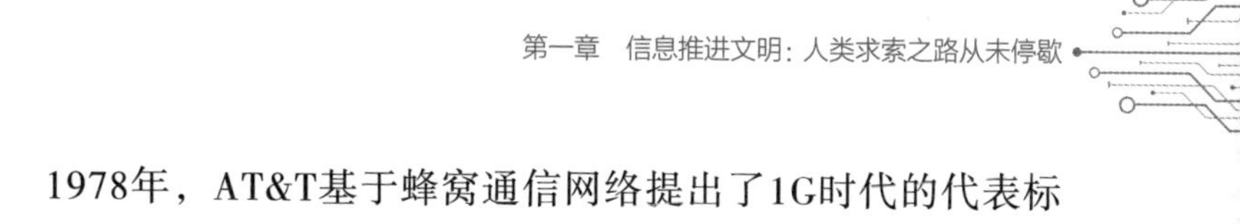

1978年，AT&T基于蜂窝通信网络提出了1G时代的代表标准——AMPS（advanced mobile phone system，高级移动电话系统）。该系统的工作频段是800MHz和900MHz，主要在北美、南美和部分环太平洋国家广泛使用。同年，贝尔实验室在芝加哥开通该系统并成功试运行，但此时美国还没有正式部署将AMPS投入商用。

1979年，日本推出了自己的第一代移动通信标准NTT（Nippon telegraph and telephone，日本电报电话系统），其工作频段为450MHz和800MHz。后来发展为Hicap（high capacity version of NTT，高容量日本电报电话系统），它是NTT的高系统容量版本。

1981年，瑞典开通了NMT（Nordic mobile telephone，北欧移动电话系统），其工作频段为450MHz和900MHz，在部分北欧、东欧国家以及俄罗斯等地区应用。也是在这一年，美国终于开始正式部署AMPS的商用运营。

1985年，英国开通了在AMPS基础上改进的TACS（total access communications system，全接入通信系统）。该系统的主要工作频段为900MHz，在英国、日本和部分亚洲国家广泛使用。同年，应用于法国的Radiocom 2000、应用于意大利的RTMS（radio telephone mobile system，无线电话移动系统）和应用于德国、非洲南部的C-450都开始部署。其中前两个标准工作频段分别为450MHz和900MHz，后一个标准工作频段为450MHz。

1987年11月18日，我国的第一代模拟移动通信系统在广东开通并正式商用，采用的是TACS标准。该系统的理论传输速率只有2.4Kb/s，首批用户只有700个。

上面提到的标准五花八门，但都以“国家标准”为主，没有形成“国际标准”。不同标准之间也没有公共接口，以至于不能实现漫游，即无法实现跨国通信。欧洲诸国在这一时期各自为政，虽然开通了许多标准，但应用都不太普遍，形成了1G时代美国独领风骚的局面。最终AMPS在超过72个国家和地区运营，直到2008年2月18日，美国各运营商才停止运营AMPS。而代表欧洲地区标准的TACS只被大约30个国家和地区采用。我国于2001年12月31日关闭这个系统的运营。

相对于标准的百花齐放和百家争鸣，移动通信终端的研发就显得比较单一了。在AT&T发展完善AMPS的时候，美国的通信巨头摩托罗拉公司则在致力于移动电话的开发，1973年马丁·库帕团队最先研发出了“大哥大”，后来在全世界范围内流行，支持AMPS、TACS、NMT等多种标准。与之前的步话机相比，“大哥大”的体积大大减小，强大的便携优势揭开了全民移动通信的帷幕，摩托罗拉也因此成为模拟通信时代的无冕之王。

2. 缺点或不足

（1）业务种类单一。这一时期的移动通信业务，一方面，只支持模拟语音传输，业务种类十分有限，并且标准混杂，相互之间没有公共接口，导致这一时期的通信无法实现漫游。另一方面，受到传输带宽的限制，1G时代只能实现区域性的移动通信。

（2）同时接入用户数量有限。众所周知，频率资源十分有限。1G时代采用FDMA技术，每一个移动通信用户在通话的时候都要单独占用一个信道，当基站的某个信道频率被某人占用的时

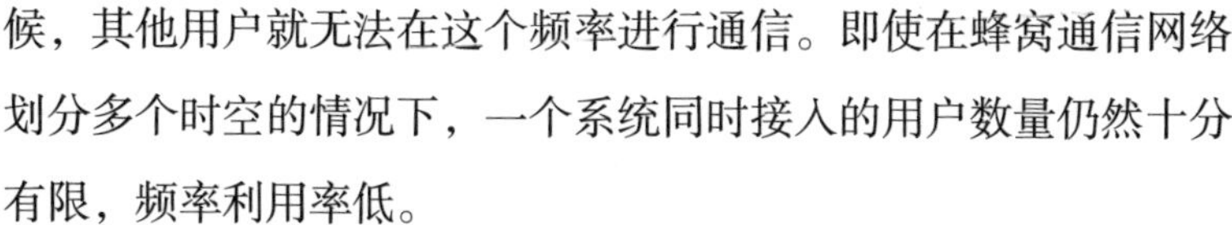

候，其他用户就无法在这个频率进行通信。即使在蜂窝通信网络划分多个时空的情况下，一个系统同时接入的用户数量仍然十分有限，频率利用率低。

（3）通信质量差。1G时代的移动通信主要是模拟通信，对传输信号进行压缩、加密或者添加校验都是不太可能实现的事情。因此，这一时期的移动通信频谱效率低、抗干扰能力弱，通信质量差、保密性低，串号、盗听、盗号的现象十分常见。

（4）移动通信终端笨重。模拟信号的传输需要收发两端不断地进行语音信号与电信号的转换，对设备的系统容量和电池寿命提出了要求。受电池制作工艺水平、集成电路工艺水平以及天线体积的限制，当时的设备体积大、价格昂贵，在20世纪80年代的中国，一部“大哥大”的市场价格高达数万元，一度成为身份的象征。

第一代移动通信的这些先天性不足，使得其注定无法“飞入寻常百姓家”。最终，随着数字化移动通信时代——也就是2G时代的到来，1G逐渐淡出人们的视野。

（二）第二代（2G）移动通信：策马奔腾的通衢驿道

第二代移动通信以数字通信为主要特点，主要采用的技术有两种，分别是TDMA（time division multiple access，时分复用）和CDMA（码分多址）。爱立信和诺基亚基于TDMA技术提出GSM标准，先发制人，成为2G时代的代表性企业。等到美国高通再提出CDMA标准时，移动通信市场的半壁江山早已被他人占据，在模拟通信时代一家独大的摩托罗拉也因为转型慢了一步，从此

就再也没有跟上，最终泯然于历史长河中，令人唏嘘。

1. 发展历程

20世纪80年代后期到90年代初期，随着数字信号处理、大规模集成电路、微处理器等技术的成熟，第二代移动通信系统面世，人们开始进入数字化移动通信时代。数字电路不仅性能比模拟电路更稳定，而且集成度比模拟电路更高。一个专用芯片就取代了过去上百个芯片，设备终端的体积得以大大减小，价格也更加亲民。也就是这个时候，“手机”逐渐成为一个家喻户晓的名词。

图1-5展示了2G时代的主要发展历程，这一时期的通信标准分为两大类，一类基于TDMA，以GSM为代表，包括IDEN（integrated digital enhanced network，集成数字增强型网络）、D-AMPS（digital AMPS，数字化高级移动电话系统）和PDC（personal digital cellular，个人数字蜂巢通信系统）；另一类则基于CDMA，典型的代表是IS-95（也就是cdmaOne）。2G时代的主流服务定位虽然是数字蜂窝语音业务，但低速数据化业务已经开始发展，比如手机可以发短信，在塞班系统下慢速浏览网页，或使用QQ、MSN聊天。2G时代的核心网依旧沿用之前的PSTN基础，信道编码方式采用的是接近香农极限的Turbo码，采用GMSK（Gaussian filtered minimum shift keying，高斯最小频移键控）、8PSK（8 phase shift keying，8进制移相键控）、16QAM（16 quadrature amplitude modulation，16进制正交幅度调制）的数字调制方式，能够提供9.6~28.8Kb/s的传输速率。

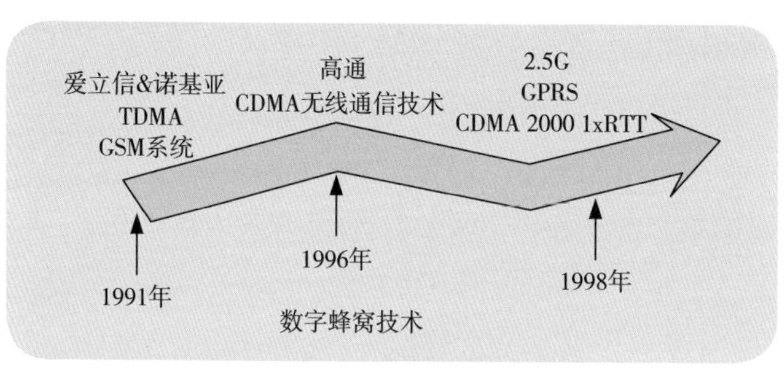

图1-5　第二代移动通信的发展历程

在移动通信发展的历程中，每隔十多年都会出现新一代的通信标准。谁掌握了标准，谁就掌握了行业的话语权，它是国家和企业软实力的体现。与群雄并起、诸侯纷争的1G时代不同，2G时代的标准制定开始呈现“抱团”的局面。

1983年，为了抢占先机，欧洲多个国家共同成立了移动专家组GSM（法语Groupe Spécial Mobile Committee的缩写），专门负责研究数字化蜂窝语音通信的标准。

1991年，由爱立信和诺基亚在欧洲开通了第一个GSM系统，同时MoU（Memorandum of Understanding，谅解备忘录组织）为该系统设计注册商标，将GSM更名为global system for mobile communications，即“全球移动通信系统”，俗称“全球通”，正式标志着人们进入了第二代移动通信时代。GSM开发的目的是让全球各地使用同一个移动通信标准，用户使用一部手机就可以走遍天下。它的核心技术是TDMA，即将单个无线信道分为8个时隙，供多个用户轮流使用，从而实现了频道共享，提升了用户容量。同年，历史上第一批量产的300张SIM（subscriber identity module，用户识别模块）卡从德国慕尼黑的捷德公司

（Giesecke & Devrient GmbH，简称G&D）运往芬兰的无线网络运营商Radiolinja，用于接入2G网络。日本的通信标准PDC也是在这一年颁布的。

1993年，我国第一个GSM网络在浙江省嘉兴市开通，标志着2G时代在我国正式开启。

1994年10月，全世界范围内已经有50个GSM系统正在运营，总用户数超过400万户，国际漫游用户每月呼叫次数超过500万次，用户平均增长超过50%。2G通信网络如火如荼地在全世界范围被部署。

1996年，中国电信GSM全球漫游伙伴已经超过30个，发展势头锐不可当。

说到这里，人们可能会好奇，这个时候1G时代的领跑者美国在做些什么呢？虽然美国在1990年推出了他们的数字化标准——IS-54，或者称为D-AMPS，也是一套基于TDMA技术的标准，但也许是因为太沉湎于1G模拟时代的光环，美国对这一革命性的时代变化未曾给予过多的关注。1992年12月，德国的GSM渗透率为71%，而当时美国的2G渗透率仅为0.1%。等到高通研发的基于CDMA技术的IS-95成为2G标准的时候，GSM的星星之火已经迅速蔓延全球，美国也就此错过了这个时代。带来的结果显而易见，这一时期诺基亚和爱立信迅速成长为全球领先的通信设备商和手机厂商，而错估了模拟时代寿命的摩托罗拉在1997年全球移动电话市场份额暴跌到17%，从此走下神坛。这一次欧洲的翻身仗打得不可谓不漂亮。其时，中国亦采用GSM标准，GSM获得中国这个全球最大的移动通信市场的支持，这也是欧洲GSM标

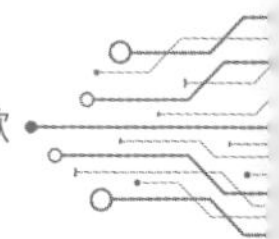

准之所以能够成功逆袭的重要原因。虽然这个时期中国既没有参与标准的制定，也没有在基站终端产业上分到一杯羹，但是巨大的市场增加了政府和企业参与移动通信产业的信心，并开始逐步发力，甚至领跑全球移动通信的标准制定和设备生产，这是后话。

2. 缺点或不足

如图1-6所示，相比第一代移动通信使用的FDMA技术，第二代移动通信包括TDMA和CDMA技术，使用更易编码的数字化信号，利用高效调制器、信道编码、交织、均衡、加密和话音编码技术，使得系统频谱效率得以提高，系统容量变大，话音质量和安全性也得到大大提高，同时已经可以在SIM卡基础上实现漫游。

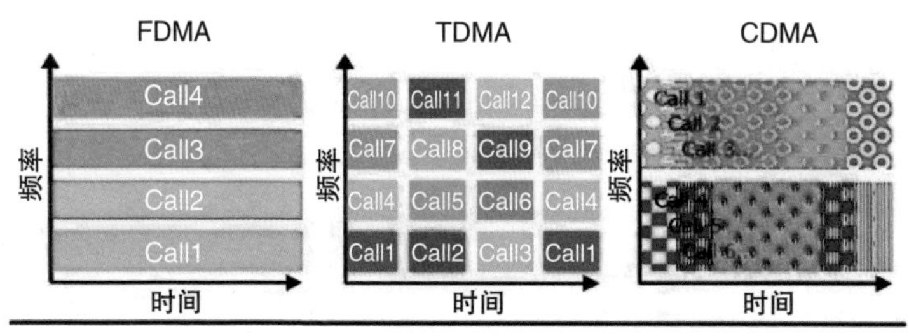

图1-6　第一代和第二代移动通信编码技术的对比

但第二代移动通信依旧存在不少不足之处：

（1）数据业务种类有限。这一时期的数据传输速率低，手机只能打电话、发短信、看电子书，上网很困难，无法适应用户日益增长的对数据传输类业务的要求。

（2）编码质量不高。GSM系统的编码速度仅仅只有13Kb/s，导致GSM手机的通话杂音大，不如有线电话的通话质量高。

（3）TDMA技术限制。如图1-6所示，随着移动通信用户数的迅速增加，TDMA技术的弊端渐渐显现出来：时隙的错位和混乱可能会导致掉线。同时，TDMA的频率分配复杂，同步开销要远高于CDMA，而且通信容量并不如CDMA高。因此，到了第三代移动通信，各个标准都不约而同地选择了CDMA技术作为发展基础。

（三）第三代（3G）移动通信：驰骋畅行的柏油马路

图1-7简要给出了第三代移动通信发展历程。3G时代通信技术以高速数据传输技术为主要特点，以高质量数字通信、码分复用、蜂窝系统、Turbo编码、双极化、多频段天线为主要的技术特征，促进了移动互联网的飞速发展。在3G时代，苹果、三星及高通等企业快速崛起，中国的无线通信产业也在这个时代开始蹒跚起步，而2G时代的手机霸主诺基亚则慢慢销声匿迹。

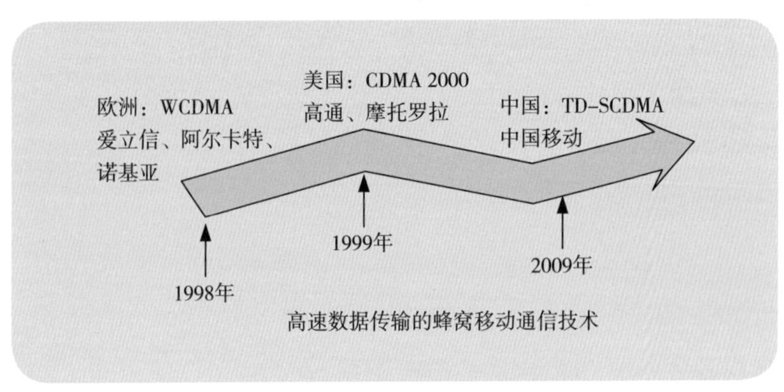

图1-7　第三代移动通信的发展历程

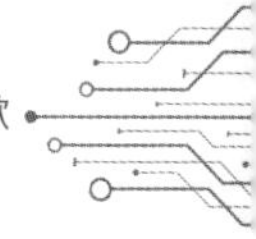

1. 发展历程

为了实现从2G到3G平滑的过渡，出现了2.5G，也就是第二代半移动通信。基于GSM系统的GPRS（general packet radio service，通用无线分组业务）首先被推出。它可以提供端到端的广域无线IP连接。网络容量只在需要的时候进行分配，不需要的时候就释放，大大提高了通信传输速率。EDGE（enhanced data rate for GSM evolution，增强型数据速率GSM业务）又在此基础上做了改进，可以通过无线网络提供宽频多媒体服务，同时将GPRS的功能发挥到极限，成为3G来临之前基于GSM网速最高的无线数据传输技术。除此之外，这一时期提出的标准还有在cdmaOne标准基础上发展而来的CDMA 2000 1xRTT（single-carrier radio transmission technology，单载波无线传输技术），传输速率可以达到144~384Kb/s。我们至今仍然能够在4G信号十分糟糕的时候，在手机状态栏上看到GPRS或是一个大写的“E”，这代表2.5G信号正在补充4G信号的不足。经过了2.5G时代的衔接，第三代移动通信也就翩然而至了。

1998年ITU（International Telecommunication Union，国际电信联盟）向全球征集3G无线传输方案，主要要求是频谱利用率高，以及能够提供可实现全球覆盖的高质量宽带多媒体综合业务。第三代移动通信，ITU称之为IMT-2000（international mobile telecommunications-2000，国际移动通信2000），其中的“2000”指的是工作频段为2000MHz；欧洲的电信业巨头们则称之为UMTS（universal mobile telecommunication system，通用移动通信系统）。不过现在更常用的缩写是3G，指的是支持高速数

据传输的蜂窝移动通信技术。CDMA由于具有频率规划简单，系统容量大、通信隐蔽性和保密性高、通信质量好等优点，被3G时代青睐，这一时期的三大标准都是基于该技术发展而来的。

1998年12月，欧洲与日本等原先推行GSM标准的国家和地区联合成立了一个组织，负责制定全球第三代通信标准，那就是3GPP（3rd Generation Partnership Project，第三代合作伙伴计划）。宽带CDMA的概念最先由日本提出，最后经过融合与改进，开发出WCDMA。受益于GSM在2G时代市场占有率高的优势，WCDMA可以说是含着金钥匙出生，是终端种类最丰富的3G标准，占据全球80%以上的市场份额。其支持者包括欧洲的爱立信、阿尔卡特、诺基亚，以及日本的NTT DOCOMO、富士通、夏普等厂商。

1999年，日本运营商NTT DOCOMO推出基于2.5G网络的i-mode模式，这是全球首个以运营商为中心的生态系统。NTT DOCOMO通过与各大网站合作，使用户通过手机上的i-mode键就可以享受发邮件、浏览新闻、听音乐、网上购物等上网服务。i-mode模式的成功证实了3G商业模式的可行性，大大推动了日本3G网络的发展，同时也坚定了欧洲运营商建设3G业务的决心。但可惜最终i-mode模式未能走出日本国门，在4G时代夭折。

1999年1月，美国也不甘落后，紧接着牵头推出3GPP2（3rd Generation Partnership Project 2，第三代合作伙伴计划2），与3GPP抗衡。由高通主导，摩托罗拉、Lucent和三星都有参与。在之前的IS-95基础上发展成为CDMA 2000，可以由之前的cdmaOne结构直接升级到3G，成本低廉。但使用地区只有日本、韩国、

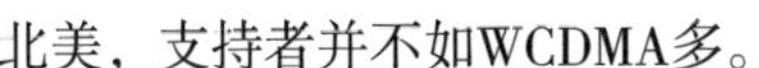

北美，支持者并不如WCDMA多。

为了响应1998年ITU向全球征集3G无线传输方案的号召，我国原电信科学技术研究院（即后来的大唐电信）在电信产业部的支持下，由中国“3G之父”李世鹤牵头，在SCDMA（synchronous code division multiple access，同步码分多址）技术与德国西门子的TD技术的基础上研究和起草了TD-SCDMA（time division-synchronous code division multiple access，时分同步码分多址）标准，从此中国跻身全球通信标准制定的竞争行列之中。

要实现移动通信当中的实时双向工作（也叫双工，duplexing），一般采用两种方案：一种是FDD（frequency division duplexing，频分双工），在上行链路和下行链路使用不同的频率进行传输；另一种则是TDD（time division duplexing，时分双工），使用同一段频率，划分时隙，进行信号的传入和传出。FDD的好处是分别为信号的传入和传出分配了单独的频率，收发效率高，但是频率资源占用也多。TDD则是对时间片进行划分，频率的重复使用使得TDD的传输效率不如FDD高，但是如果信号的传输速度足够快，TDD也能够达到较高的收发效率。TD-SCDMA正是通信史上第一个使用TDD技术的标准，此前一直采用的是FDD技术。虽然TD-SCDMA因辐射低而被誉为“绿色3G”，并且可不经过2.5G的中间环节直接向3G过渡，适用于GSM系统向3G升级，但相对于另两个3G标准CDMA 2000和WCDMA，它的起步较晚，技术还不够成熟。

2000年5月，国际电信联盟正式公布第三代移动通信标准，拥有我国自主知识产权的TD-SCDMA、欧洲的WCDMA与美国

的CDMA 2000共同成为3G时代的国际标准，形成三足鼎立的局面。

2009年1月，我国颁布了3张3G牌照，标志着我国正式进入3G时代。其中，中国移动拿到的是TD-SCDMA，中国联通和中国电信分别拿到WCDMA和CDMA 2000。

这一时期的通信标准使用码分多址技术、32QAM的数字调制技术和Trubo信道编码。核心网分为CS域（circuit switching，电路交换）和PS域（packet switching，分组交换），分别为用户提供“电路型业务”和“分组型数据业务”。3G移动通信的信息速率根据带宽需求，实现了可变比特速率信息的传递，在高速运动的情况下可以达到144Kb/s，步行运动的情况下可以达到384Kb/s，室内运动的情况下可以达到2Mb/s，与2G时代相比有了一个巨大的飞跃。它使得高质量的数字通信得以实现，移动互联网成为现实，开启了“图片时代”。从此，手机打电话的功能降到了次要的位置，网络数据服务成为主要功能，智能手机就此应运而生。

1997年，针对有限的硬件环境，微软发布了第一款智能手机操作系统Windows CE。但是因为在移动终端上的实战经验较少，Windows CE不仅运行速度慢，而且因为沿用了微软桌面系统的风格，在手机的小屏幕里塞进了Start Menu和Task Bar，界面显得不够简洁，字体阅读起来也令人感到吃力。

1998年，为对抗微软的智能手机操作系统，Pison、诺基亚、爱立信与摩托罗拉合资创建Symbian公司，塞班S40和S60系统的开发为后来智能手机系统提供了很多技术引导。

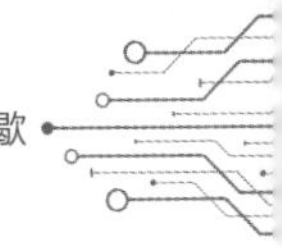

2007年，就在微软和Symbian相持不下的时候，借鉴了两家公司技术的苹果公司发布了基于iOS操作系统的第一代iPhone，其凭借简洁的界面和屏幕触控技术脱颖而出，从此成为引领智能手机市场的巨头。

2. 缺点或不足

尽管拥有众多的优点，3G移动通信技术依然存在以下不足之处。

（1）基站间通信效率不高。为了适应2G时代移动通信的特点，3G时代的手机端到端的通信要经过好几级的转发。手机信号送到基站后，要经过室内基带处理单元（BBU，building baseband unite）、无线网络控制器（RNC，radio network controller）才能到核心网，然后从核心网到RNC、BBU，再送到基站，最后由基站与接收者通信。因此基站与基站之间的通信效率并不高。

（2）数据传输速率无法满足用户需求。手机在3G时代可以流畅地看图片、浏览网页、玩游戏，但是还不能流畅地看视频。由于3G的带宽有限，传输速度和抗干扰能力之间存在矛盾。

（3）移动通信网络整合不够。3G时代上网用的移动通信网络和原语音通话用的通信网络虽然能够融合，但是却彼此独立，并没有相互统一，导致不必要的资源浪费。

第三代移动通信的这些不足使得用户需求无法得到满足，于是移动通信技术不断改进、继续向前迈进，接下来我们迎来了4G时代。

（四）第四代（4G）移动通信：多车并驾的高速公路

相比第三代移动通信技术，第四代移动通信技术不仅拥有更快的传输速度（约为3G的20倍），同时可以提供较大的信号覆盖范围和满足高质量数据服务（图像、视频）的能力，以正交频分复用（OFDM，orthogonal frequency division multiplexing）、智能天线、多输入多输出（MIMO，multiple-input and multiple-output）、软件无线电、多用户检测为主要的技术特征，真正意义上实现了高速移动多媒体的应用，几乎能满足无线用户的所有需求，极大地改变了人类的生活方式。图1-8可以迅速地让读者了解第四代移动通信发展历程。在4G时代，中国的硬件厂和通信设备企业取得了长足的进步，同时移动互联网也步入高速发展时代，表现为移动网络支付（微信、支付宝）的火爆、移动端生活服务类O2O模式（美团、饿了么）的兴起、直播与视频类服务（斗鱼、抖音、bilibili等）的异军突起和移动端游戏（网易游戏、腾讯游戏）的崛起，如图1-9所示。

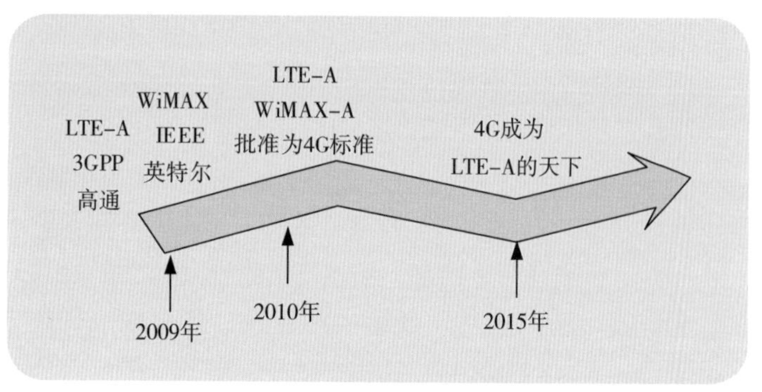

图1-8　第四代移动通信的发展历程

图1-9　移动互联

1. 发展历程

尽管3G可以提供高达2Mb/s的传输速率，但是仍然无法满足人们对移动多媒体的要求。于是移动通信技术继续向前发展，到2002年的时候，3GPP在WCDMA的R5版本中引入了HSDPA（high speed downlink packet access，高速分组接入），通过AMC（adaptive modulation and coding，自适应调制编码）和HARQ（hybrid automatic repeat request，混合自动重传请求）技术来增加数据吞吐量，其指定的下行数据传输速率最高可达到1.8Mb/s。2004年，WCDMA发行了R6版本，又引入了HSUPA（high speed uplink packet access，高速上行分组接入），通过多码传输、HARQ、基于Node B的快速调度等关键技术使得指定的上行数据传输速率最高可达到2Mb/s。结合了HSDPA与HSUPA的WCDMA版本被称为HSPA（high speed packet access，高速分组接入），被认为是3G时代到4G时代的过渡，称为3.5G时代。

技术总在不断迭代进步。到了2007年，WCDMA又发行了

R7版本，对HSPA进行了强化，被称为HSPA+。在下行链路采用64QAM和MIMO技术，上行链路采用16QAM技术，可以提供28Mb/s的下行峰值数据传输速率和11.5Mb/s的上行峰值数据传输速率。HSPA+后来被ITU列为4G时代的技术标准之一。

如果说3G通信正式开启了人类的移动多媒体应用时代，那么4G则带领人类步入高速移动多媒体时代。在城市各处，可以随处看到使用移动流量观看电视剧、电影、短视频和直播等节目的“低头族”。事实上，4G通信技术以3G为基础，并将其与WLAN（wireless local area network，无线局域网）技术“有机”地结合，实现以太网的接入速率，为用户提供集成无线广域网和无线局域网的融合服务，保证了在移动多媒体系统中实现高质量的图像和视频传输。与3G密集的蜂窝网络不同，4G通信系统采用全世界范围内统一的数字IP蜂窝核心网技术，是迈向全网智能化发展的重要里程碑。

由于高通在3G时代对CDMA技术的严重垄断，高额授权税、高通税和反转授权等引起了通信厂商的众怒，于是在4G时代，大家在制定通信标准的时候纷纷选择绕开CDMA，转而从OFDM技术入手。

1999年，IEEE（Institute of Electrical and Electronics Engineers，电气与电子工程师协会）推出的802.11a Wi-Fi就是以OFDM技术为基础的无线局域网络标准，其传输速率峰值可以达到54Mb/s。之后又陆续推出802.11n、802.11b、802.16e和802.11g等标准。到2005年的时候，英特尔、IBM、摩托罗拉、诺基亚以及北电等巨头携手，共同注资近40亿美元，决心将802.16

标准发展为4G时代的国际通信标准，取名为WiMAX（worldwide interoperability for microwave access，全球互通微波存取技术）。

2008年2月，国际电信联盟无线电通信部门（ITU-R，Radiocommunication Sector of ITU）向全世界正式发布了征集IMT-Advanced（international mobile telecommunications-advanced，高级国际移动通信，俗称“4G”）候选技术的通知。截至2009年10月，共征集到分别由2个国际标准化组织（3GPP、IEEE）和3个国家（中国、日本、韩国）提交的6种技术方案。

在2010年10月举行的ITU-R WP5D会议上，14个外部评审组织对候选技术方案进行评估，最终确定3GPP的技术方案LTE-Advanced和IEEE的技术方案802.16m为IMT-Advanced的国际无线通信标准，两种技术方案均包含TDD和FDD两种模式。以大唐移动为龙头的国内厂家主导发展的TD-LTE-Advanced技术也同时通过了所有评估，正式成为IMT-Advanced的标准技术之一。802.16m技术标准也称为WiMAX-Advanced，是继802.16e之后的第二代WiMAX国际标准，由WiMAX Forum主导。

WiMAX在提出之初也是集万千宠爱于一身的：美国对外宣称这将是划时代的颠覆性技术。当时关于WiMAX的研究论文数量呈井喷之势，英特尔更是宣称WiMAX芯片价格为传统3G芯片价格的1/10。加拿大北电直接将传统3G业务卖给了法国阿尔卡特，全力发展WiMAX。日本、韩国、中国台湾也紧跟WiMAX脚步。怎么看都是一幅蒸蒸日上的图景。但中国和欧洲联手重演了2G时代GSM的成功战例，共同致力于LTE发展，使得WiMAX的技术远远不如LTE成熟，而且手机从一个WiMAX站点向另一个

WiMAX站点移动时存在的信号切换问题，使得WiMAX用户的体验感极差。

到2010年，WiMAX的中流砥柱之一英特尔率先撑不住，宣布解散WiMAX项目部门。自此，WiMAX技术逐步被运营商抛弃，加拿大北电破产，作为全球最大WiMAX服务提供商的美国Clearwire公司，其业务重心也由WiMAX转向LTE-Advanced……最终LTE-Advanced技术标准成为4G时代的主流标准，而轰轰烈烈开场的WiMAX最后曲终人散，沦为实验“小白鼠”。

2013年12月4日，工信部正式向三大运营商发放TDD-LTE的4G牌照，此举标志着我国正式进入4G时代。2015年2月27日，工信部向中国电信和中国联通发放FDD-LTE牌照。2018年4月3日，工信部向中国移动发放FDD-LTE牌照。

（1）LTE-Advanced。LTE是由3GPP组织制定的标准，是与GSM、GPRS、EDGE、WCDMA、HSDPA等一脉相承的技术体系。

2008年4月，3GPP正式开展LTE-Advanced的研究工作，并制订了相关的时间计划。

2009年10月，3GPP所属的37个成员单位联合向ITU提交了包含TDD和FDD的技术文本，并举办两次由独立评审机构参加的全球性研讨会，向全世界正式介绍LTE-Advanced。

2010年6月，在越南岘港举行的ITU-R WP5D会议上，LTE-Advanced通过性能评估，满足IMT-Advanced的所有技术需求。

2010年10月，在重庆举行的ITU-R WP5D会议上，由中国政府提出的3GPP LTE-Advanced中的TDD技术通过性能评估，正式

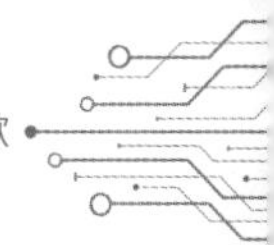

成为IMT-Advanced的技术之一。

2011年9月，3GPP完成了R10版本，形成最初版本的LTE-Advanced规范标准。

2012年9月至2015年12月，针对不断增加的数据服务需求，3GPP先后完成了R11~R13的LTE-Advanced规范标准，其中R13是LTE-Advanced的最后一个成型规范标准，之后3GPP开始5G的需求与关键技术的研究。

（2）WiMAX-Advanced（IEEE 802.16m）。IEEE在1999年成立IEEE 802.16工作组，致力建立全球统一的宽带无线接入标准，促进宽带接入技术的进一步发展。

WiMAX于2001年6月由WiMAX Forum提出，并于2004年6月和2005年12月分别完成固定模式IEEE 802.16—2004和移动模式IEEE 802.16e—2005的标准制定。

2009年10月，IEEE国际标准化组织和英特尔、朗讯、北电等通信设备企业向ITU联合提交了基于802.16m的IMT-Advanced技术文本。

2011年4月，IEEE正式批准802.16m为下一代WiMAX的标准，可以支持超过300Mb/s的下行数据传输速率。

2012年1月，在ITU全体会议上，正式将WiMAX技术规范确立为4G的标准之一。

2. 面临的挑战

4G移动通信技术存在如下挑战：

（1）安全性。在4G通信网络中，由于设备数量的急剧增加，系统更容易成为攻击的目标。为了保护通过4G网络传输的

数据安全，需要建立多重的安全保护机制。

（2）高度的IP设备集成。随着语音和数据网络的融合，4G通信系统中将会增加数百万台新的设备，需要重新对整个Internet的地址空间进行规划，或者为新出现的无线网络和现有的网络分配新的地址空间。

（3）用户需求。4G通信技术的出现让人们开始切身感受到高速数据服务给生活和工作带来的便捷性，因此未来移动通信网络将会完全覆盖我们的办公区、娱乐休息区、住宅区，且每一个场景对通信网络的需求完全不一样。4G网络无法满足一些高移动性、高流量密度的场景需求，针对未来用户的新需求，应重点探究更加高速、更加先进的移动网络通信技术。

（五）求索无止境，呼唤新科技

从20世纪80年代开始，移动通信技术经历了飞速的发展。直至今日，第五代通信技术逐步走入我们的生活当中。表1–1对四代移动通信的技术参数做了对比，从表中可以看出，从1G到4G，工作频段从800MHz到2.6GHz，逐步升高。同时，传输速率也从2.4Kb/s迅速增加到2~150Mb/s。从服务形式来看，从原本只能提供模拟语音服务，到后来逐步数字化，再到支持快速语音、视频、数据、图像传输等的多媒体技术，大大方便了人们的生活，并推动社会飞速发展。在可预见的未来，移动通信的传输速率和通信容量将进一步提升，5G时代呼之欲出，更多的功能、应用也将走入寻常百姓家，人类的发展将以前所未有的速度迈进新纪元。

表1-1　四代移动通信的技术参数对比

通信技术	工作频段	数据传输速率	关键技术	技术标准	提供服务
1G	800/900 MHz	约2.4 Kb/s	FDMA	NMT AMPS	模拟语音服务
2G	GSM 900：890~960 MHz GSM 1 800：1 710~1 850 MHz	上行2.7 Kb/s，下行9.6 Kb/s	TDMA CDMA Turbo编码	GSM CDMA	数字（语音、短信）服务
	CDMA 800：825~885 MHz	8~9.6 Kb/s			
2.5G	GSM 900：890~960 MHz GSM1 800：1 710~1 850 MHz	GPRS：上行42.8 Kb/s，下行85.6 Kb/s EDGE：上行45 Kb/s，下行90 Kb/s		GPRS EDGE	
3G	CDMA 2 000：上行1 920~1 935 MHz，下行2 110~2 125 MHz TD-SCDMA：1 880~1 920 MHz，2 010~2 025 MHz WCDMA：上行1 940~1 955 MHz，下行2 130~2 145 MHz	CDMA 2000：上行1.8 Mb/s，下行3.1 Mb/s TD-SCDMA：上行384 Kb/s，下行2.8 Mb/s WCDMA：上行5.76 Mb/s，下行7.2 Mb/s	多址技术 Rake接收技术 Turbo编码 卷积编码	CDMA2000 TD-SCDMA WCDMA	高质量数字通信服务（语音、短信、网络数据）
4G	（中国移动） TDD-LTE：1 880~1 890 MHz，2 320~2 370 MHz，2 575~2 635 MHz	FDD-LTE：上行50 Mb/s，下行100~150 Mb/s TDD-LTE：上行50 Mb/s，下行100~150 Mb/s	OFDM MIMO 智能天线 软件无线电 Turbo编码 卷积编码	FDD-LTE TDD-LTE	快速语音、视频、数据、图像传输
	（中国联通） FDD-LTE：上行1 755~1 765 MHz，下行1 850~1 860 MHz TDD-LTE：上行2 300~2 320 MHz，下行2 555~2 575 MHz				
	（中国电信） FDD-LTE：上行1 765~1 780 MHz，下行1 860~1 875 MHz TDD-LTE：上行2 370~2 390 MHz，下行2 635~2 655 MHz				

注：以上数据来源于搜狐网【2016年8月18月】（数据查询时间：2020年6月4日），来源：https：//www.sohu.com/a/111035792_434517，表格中省略了对1G~2.5G通信技术上下行频段的详细划分。

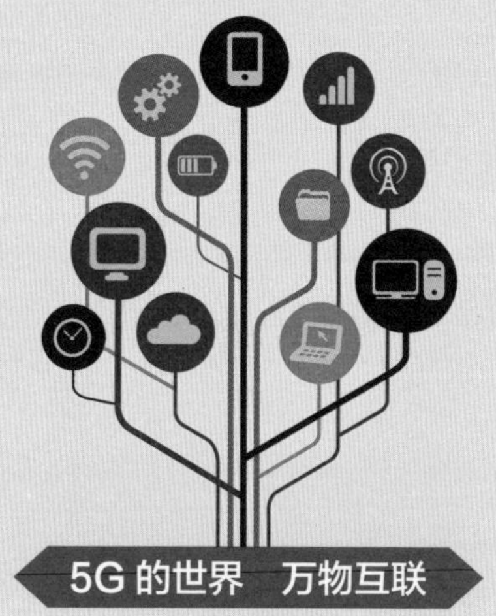
5G 的世界　万物互联

第二章

5G呼啸而至：世界万物互联梦想成真

5G技术呼啸而至，无论对移动通信本身，还是对其他各个行业，5G所带来的影响必将是深远厚重的。那么相比前四代移动通信技术，5G技术究竟有何魔力，才使其如此备受关注？万物互联的梦想如何通过5G得以实现？为了回答这些问题，在这一章，我们将对5G的背景、频谱、系统架构和关键技术等做一些简单的介绍。

一、5G背景：初试啼声的沃土

（一）标准化

首先我们来谈一谈移动通信标准化的历程。1982年，ETSI（European Telecommunications Standards Institute，欧洲电信标准化协会）开始推进GSM标准化，随后GSM取得全面压倒性市场胜利。迄今为止，已经形成了ITU、3GPP以及IEEE等标准化组织。在中国，CCSA（China Communications Standards Association，中国通信标准化协会）主要负责中国的标准制定，为行业制定完备的标准化体系，努力推动利益相关方在应用、频谱、演进技术等方面达成共识，确保移动通信的长期发展。

移动通信标准的演进背后有深刻的技术和市场原因。从3G开始，ITU以IMT（international mobile telecommunication，国际移动电信）标识各个代际移动通信，3G、4G、5G被分别定义为IMT-2000、IMT-Advanced、IMT-2020。从图2-1（a）可以看

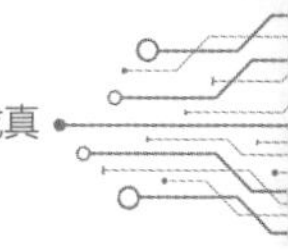

到，从3G到4G的演进过程中，系统的可用性主要体现在峰值速率和移动性两个关键指标上。如图2-1（b）所示，从4G到5G的演进过程中，系统的可用性则进一步涵盖了移动互联网和移动物联网的八个性能指标。在3G标准化初期，语音的移动通信已经大面积普及，视频传输被预测为驱动移动宽带发展的主要动力，从微信、抖音以及飞书等发展情况看，标准化组织的工作极具前瞻性；随后网络业务分组化以及智能手机飞速发展，同时推动了移动通信从语音和短消息时代进入MBB（mobile broadband，移动宽带）时代，也就是移动互联网时代。在移动互联网时代，受益于端到端流量成本大幅降低及互联网用户规模迅速增长，4G技术推动移动互联网应用如社交App（微信、微博、抖音、Facebook、Twitter等）、购物App（京东、淘宝、拼多多、唯品会、苏宁易购、盒马鲜生等）、市政服务App（移动税务、掌上公积金、网上政务办理等）、移动支付App（支付宝、微信支付、云闪付等）等应用的迅速普及。在5G时代，首先必须强化MBB，因此提出eMBB（enhanced mobile broadband，增强型移动宽带），其次以3GPP在4G阶段推动NB-IoT（narrow band Internet of Things，窄带物联网）以及LTE-M（LTE-machine to machine，LTE演进物联网）的标准化工作为基础，5G将会加大移动物联网应用的深度和广度，实现社会、家庭以及行业数字化的迅速发展。

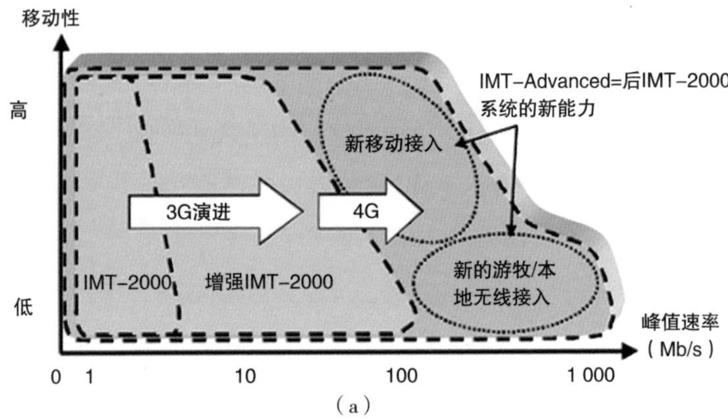

（a）

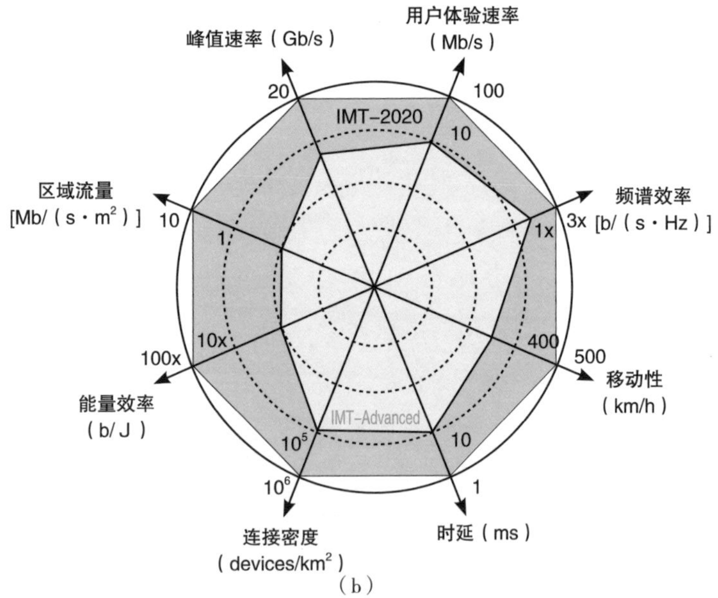

（b）

图2-1 ITU提出的3G到5G演进

3GPP在5G标准化过程中占据了核心位置，也是目前唯一具备全球移动通信标准能力的组织，5G标准化过程公平、公开和透明。原因在于其技术传承、开放包容以及技术协议化的领导能力，持续地推动着移动通信不断发展演进。一方面5G继承了诸如SIM卡使能个人移动性和终端移动性、RAN（radio access network，无线接入网）和CN（core network，核心网）的开放接口等移动通信的优秀理念；另一方面5G也吸纳了计算、控制、人工智能等科技进步成果的精髓，并顺应公众、企业和行业的需求调整服务模式。以3GPP规划的5G Release 17（一个Release可以认为是一个大的可应用版本）为例：网络自动化运维将通过人工智能提高5G网络可部署和业务快速提供能力；5G将进一步提升垂直行业应用的能力，通过技术升级带动整个产业和产业链的革新；5G将实现厘米级定位追踪，提高应用的覆盖深度及移动性等。

3GPP还吸纳了毫米波E Band以及非地面网络（NTN，non terrestrial network）等5.5G和6G（IMT 2030）承前启后的要素，可以预见，移动通信会一直保持很强的生命力。

（二）应用场景

按照IMT 2020（5G）推进组的预测，2030年的全球移动互联网数据流量将比2020年增长50倍，将达到千亿级别的终端规模。5G将推动整个社会进入人（自然人和法人）与人、人与物以及物与物连接的“万物智能连接”以及“以人为中心”的新时代。

ITU定义了三个应用场景，即增强型移动宽带（eMBB）、超高可靠超低时延通信（uRLLC，ultra-reliable low-latency communications）和海量机器类通信（mMTC，massive machine type communications）。并且锁定了AR（augmented reality，增强现实）/VR（virtual reality，虚拟现实）、自动驾驶、无人机、智

能电网、远程医疗等多种应用需求。按照对象进行分类，主要有消费者（to consumer，简称2C）、家庭（to home，简称2H）和商业（to business，简称2B）等多层次市场。如表2-1所示，在不同场景和应用中，5G技术需要具备不同的基本能力。

表2-1　5G技术的基本能力

能力指标	能力定义	应用场景	数据传输速率最低要求
峰值速率	理想条件下单个用户或设备所能够获得的最大速率（单位：Gb/s）	eMBB、uRLLC、mMTC	下行数据传输速率20Gb/s；上行数据传输速率10Gb/s
用户体验速率	移动用户或终端在覆盖区域内任何地方都能获得的最低保障速率（单位：Mb/s或Gb/s）	eMBB	下行数据传输速率100Mb/s；上行数据传输速率50Mb/s
移动性	不同层/无线接入技术（Multi-layer/Multi-RAT）中的无线设备间满足特定QoS（quality of service）且无丢包或者不掉话传送时的最大移动速度（单位：km/h）	eMBB	500km/h
时延	用户面时延：从源端发送数据包到目的端的过程中无线网络所耗的时间（单位：ms）； 控制面时延：终端IDLE状态（待机状态）到ACTIVE状态（激活状态）转换的时间（单位：ms）	eMBB、uRLLC	控制面：10ms 用户面：4ms/1ms for eMBB/uRLLC
区域流量	单位地理区域的总吞吐量［单位：Mb/(s・m^2)］	eMBB	10Mb/(s・m^2)
连接密度	单位面积上连接或接入设备的总数（单位：devices/km^2）	eMTC（enhanced machine type communication）	1 000 000 devices/km^2
能量效率	每焦耳能量所能从网络收/发的比特数（单位：b/J）	eMBB、eMTC	5G比4G提高100倍
频谱效率	每小区或单位面积内，单位频谱资源所能提供的平均吞吐量［单位：b/(s・Hz)］	eMBB、uRLLC、eMTC	5G比4G提高3倍

在5G时代，技术的发展不再只是改变或升级某种应用体验，而是形成杀手场景（killer scenarios），针对个人、家庭、企业和行业等多个方面，提供专业化场景解决方案。如表2-2所示，5G技术有望创造极大的社会价值，所谓“4G改变个人，5G重塑社会”，此言不虚。

表2-2　5G重塑社会

5G应用	5G基本能力需求	专业能力	应用案例和价值
AR/VR	速率：100Mb/s~9.4Gb/s； 时延：2~10ms	云端渲染； 通信、计算和存储的融合	服饰营销、教学互动、旅游推广、新媒体等领域360°全景直播； 新经济价值
智能制造	速率：10Mb/s； 时延：1ms	99.999%的可靠性（定义为数据成功传输的概率）； 机器人； 行业通信、计算和存储网络	工厂自动化； 工业4.0
智能驾驶	远程驾驶领域： 速率：上行25Mb/s，下行 1Mb/s； 时延：5ms	99.999%的可靠性； 融合感知：Camera/LiDAR/毫米波雷达； V2V（virtual to virtual）/D2D（device to device）； 人工智能	编队和自动驾驶； 拯救生命； 节约能源； 降低污染

二、5G频谱：巧妇为炊之稻米

频谱资源、运营牌照资源以及站址资源一直是移动运营商的核心资源。5G频谱的标识、使用以及网络建设尤其重要，体现了国家之间最顶层竞争的智慧。

（一）5G频谱标识

如表2-3及表2-4所示，5G NR（new radio，新空口）将划分的频谱资源定义为两个不同的FR（frequency range，频率范围），即FR1与FR2。FR1就是Sub-6GHz频段（6GHz以下，450~6 000MHz频率范围），有5/10/15/20/25/30/40/50/60/80/100MHz等11种载波带宽；FR2则是5G毫米波频段（24.25~52.6GHz频率范围），有50/100/200/400 MHz等4种载波带宽。5G在继承4G TDD和FDD双工融合的基础上引入了SUL（supplementary uplink，补充上行）与SDL（supplemental downlink，补充下行）频段。SUL频段与毫米波2.8GHz或者C波段3.5GHz/4.9GHz配合使用，可以很好地弥补基站上行覆盖能力弱的缺陷，SUL同样可以弥补TDD频谱由于时隙配比（比如下行和上行时隙配比为8∶2）而导致上行容量资源不足的缺点，从而更好地保障如视频监控这类的以上行传输为主的业务。中国电信目前选定1.8GHz和2.1GHz频段作为C波段配套的SUL。SDL可以大幅度提高基站下行单播、多播和广播能力，未来也有不少待发掘的商业价值。

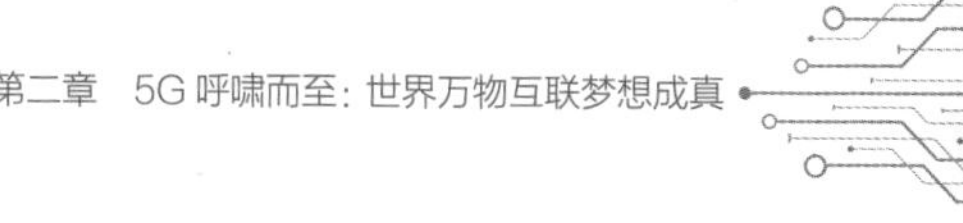

表2-3　5G FR1频谱资源分配

NR频段号	上行频段 基站接收/UE发射	下行频段 基站发射/UE接收	双工模式
n1	1 920~1 980 MHz	2 110~2 170 MHz	FDD
n2	1 850~1 910 MHz	1 930~1 990 MHz	FDD
n3	1 710~1 785 MHz	1 805~1 880 MHz	FDD
n5	824~849 MHz	869~894 MHz	FDD
n7	2 500~2 570 MHz	2 620~2 690 MHz	FDD
n8	880~915 MHz	925~960 MHz	FDD
n20	832~862 MHz	791~821 MHz	FDD
n28	703~748 MHz	758~803 MHz	FDD
n38	2 570~2 620 MHz	2 570~2 620 MHz	TDD
n41	2 496~2 690 MHz	2 496~2 690 MHz	TDD
n50	1 432~1 517 MHz	1 432~1 517 MHz	TDD
n51	1 427~1 432 MHz	1 427~1 432 MHz	TDD
n66	1 710~1 780 MHz	2 110~2 200 MHz	FDD
n70	1 695~1 710 MHz	1 995~2 020 MHz	FDD
n71	663~698 MHz	617~652 MHz	FDD
n74	1 427~1 470 MHz	1 475~1 518 MHz	FDD
n75	N/A	1 432~1 517 MHz	SDL
n76	N/A	1 427~1 432 MHz	SDL
n77	3 300~4 200 MHz	3 300~4 200 MHz	TDD
n78	3 300~3 800 MHz	3 300~3 800 MHz	TDD
n79	4 400~5 000 MHz	4 400~5 000 MHz	TDD
n80	1 710~1 785 MHz	N/A	SUL
n81	880~915 MHz	N/A	SUL
n82	832~862 MHz	N/A	SUL
n83	703~748 MHz	N/A	SUL
n84	1 920~1 980 MHz	N/A	SUL

表2-4　5G FR2频谱资源分配

NR频段号	上行/下行频段 基站接收/UE发射	双工模式
n257	26 500~29 500 MHz	TDD
n258	24 250~27 500 MHz	TDD
n260	37 000~40 000 MHz	TDD

与LTE的频段号以“Band”开头不同，5G 频段号以“n”开头。从LTE演进到NR的频谱被称为重耕（refarming）频谱，对于这些频谱，依靠软件无线电技术，在一套基站设备同时支持LTE和NR用户的物理层共享频谱资源或者将LTE随需升级到NR。

中国和欧洲一贯非常重视全球统一的频谱、产业链以及标准化，因此在5G商用上一致首选FR1。而美国出于对自身毫米波产业的信心和产业领先的愿望，则首选FR2。上述频谱中n77、n78和n79即3.3~4.2GHz、3.3~3.8GHz和4.4~5.0GHz或者n257、n258和n260即毫米波频段26GHz/28GHz/39GHz属于新频谱，是绝大部分运营商的第一波5G建设频谱选择。根据国情以及运营策略，不同国家将在以n28即700MHz为代表的新频段以及以n1即1 800MHz为代表的重耕中频段进行第二波5G建设。

（二）5G频谱使用

5G频谱分为授权频谱和非授权频谱两类。目前商用的都是由运营商拥有的公众移动通信授权频谱（表2-3、表2-4）。

在各国的大力推动下，专网授权频谱发展迅速。在德国，Volkswagen、Siemens、Bosch、BASF与ABB等厂商提出自建5G专

网的需求，因此德国已经明确3.7～3.8 GHz（共100MHz频宽）的5G专网授权频谱。日本总务省计划于2020年完成5G专网频谱整套制度化及规范作业，目标是通过5G专网频谱开放，协助非电信运营商的垂直产业（包括研究设施、机场、工厂、园区和体育馆等）实现5G跨产业创新应用，以创造更高经济价值，这一计划被称为Local 5G。我国也明确5.9GHz频段应用于5G V2X（vehicle to everything，车联网）。在非授权频谱中，3GPP已在5G标准新版本R17（R17将5G NR的频段范围从52.6GHz扩展到了71GHz）中考虑60GHz这样的非授权频谱，最后将形成Unlicensed NR。

中国的5G频谱发放如表2–5所示。其特点在于增加了新的运营商——中国广电（即中国广播电视网络有限公司），力促多元化竞争格局，国家电网也有可能应用中国广电700MHz频谱构建国家级智能电网；每个频段都有100MHz以上的大带宽，通过射频通道以及光传送资源宽带化，可以数倍降低传送成本以及比特能耗，体现相比4G的设备购置和网络运营优势；考虑全球产业Sub–6GHz比毫米波更成熟，主推Sub–6GHz。

表2–5　中国的5G频谱发放

运营商	5G频谱
中国移动	n41：2 515~2 675 MHz，共160 MHz； n79：4 800~4 900 MHz，共100 MHz
中国电信	n78：3 400~3 500 MHz，共100 MHz
中国联通	n78：3 500~3 600 MHz，共100 MHz
中国广电	n79：4 900~5 000 MHz，共100 MHz； n28：703~748 MHz/758~803 MHz，共2 × 45 MHz

（三）5G网络建设

如上文所述，5G标准化和频谱制定已经得到飞速的发展，那么未来的5G网络究竟是什么样的呢？在5G网络的建设中，首先需要考虑容量、覆盖、设备利用率以及功能扩展等需求。因此，FR1频段由于具有频率低、覆盖能力强的特点，可以确保5G基本客户体验，适合作为较好的底层网络。Sub 6GHz有大量的2G、3G和4G的应用，需要等各方面条件（特别是终端）成熟后由2G和3G逐步演进升级到5G。FR2即毫米波频段，穿透能力较弱，但带宽充足、干扰较少，可以保证客户极致体验。同时，毫米波可以实现定位和感知等功能扩展并具有体积小、部署容易的特点，在室外热点、工业场景以及室内数字化方面有较大应用潜力。

得益于5G频谱的多样性以及标准的开放性，企业和行业可以像IT建设那样搭建专属的5G系统。5G可以成为企业的核心竞争力并与其他企业要素产生化学反应，形成新的产能。企业可以使用免授权频谱和专用授权频谱自建5G网络，也可以租用运营商的5G网络，还可以将自有专用频谱委托给运营商建设。

中国5G网络建设呈现高度繁荣态势。中国电信和中国联通在2.1GHz以及3.5GHz上探讨低成本共享建设模式；中国电信积极探讨3.5GHz和中频段（1.8/2.1GHz）组合的补充上行（SUL）模式；中国广电积极探讨利用700 MHz往新媒体、三网融合以及垂直行业扩展；中国移动利用2.6GHz同时具备覆盖和容量的优势，先行采用有源Massive MIMO（大规模多天线，简称MM）设备组

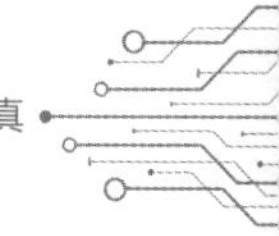

态；另外，中国相关机构和部门也在积极试验毫米波频段并适时发放频段，储备5G持续发展的能量。

目前，中国在5G标准、设备制造、终端产业以及运营等领域处于全球第一阵营，有望拉动材料、装备制造、微电子等基础产业和计算、存储、传感等应用产业进步，并与科技创新协同发展，成为中国经济发展最重要的引擎之一，在2020年中央推出的“新基建”中，5G已然占据核心位置。

三、5G系统介绍：初识庐山真面目

（一）整体情况

5G系统是一个非常复杂的端到端通信系统，为了深入浅出地将5G系统展现给大家，我们首先介绍5G系统中的几个基本原则。

1. 无线接入网络、核心网和终端设计原则

网元（NE，network element）是基于一些输入信息而生成一组输出信息的基本单元。这些输入与输出的信息用于与其他NE的通信。比如基站NE就是以无线电波信号为输入，通过射频处理、基带信号解调等功能将语音等比特信息输出到核心网，核心网NE生成客户感知的多媒体（如AR/VR）并完成路由的功能。移动通信系统要确保网元功能明确、网元之间接口明确、网元之间可以互操作，这往往通过一系列功能、接口、协议以及测试工作完成。

2. 基于服务统一架构（SBA，service based architecture）原则

移动通信发展的秘诀就是服务驱动（service driven），以一定的服务愿景（如5G的eMBB、uRLLC以及mMTC）制定标准、建设网络和构建应用开发联盟，拉动消费者（2C）体验服务以及赋能行业（2B）试用服务，根据服务闭环进行网络优化和弹性扩容。3GPP初期支持固定业务（如语音和短消息）驱动的电路交换架构；从3GPP的Release 5（即第5个版本）开始，开放的

IP数据交换架构成为主流。5G的业务比前四代的业务更为复杂，需要在开放多个业务的同时保持高度灵活性。为了达到这个需求，5G切片（5G slicing）保障技术应运而生。5G切片是一种不同业务共享网络资源的机制。公众网络的宏站和热点、企业网络以及家庭网络不同部署环境业务比例不同，即使同一基站随着时间推移业务成分也可能发生较大变化。比如初期网络面向eMBB，后期eMTC和无线宽带融合到家庭的业务比例大幅增加，因此5G网络必须具备弹性以低成本快速部署。这种弹性可以通过网元解耦、可编程、可重构等方法实现，这个需求通过5G SDN（software defined network，软件定义网络）/NFV（network function virtrulization，网络功能虚拟化）保障。5G还必须以低时延的方式快速响应业务需求并节约带宽。要实现这个功能，需要引入类似有线互联网视频的CDN（content delivery network，内容分发网络）体制。5G核心网分为集中的5G Core以及下沉的MEC（mobile edge computing，移动边缘计算）两部分。

3. 效率（频谱效率/功率效率/站址效率）优先原则

移动通信无线空口（Uu）技术以同样频谱提供尽量大的吞吐量［b/(s · Hz)］即频谱效率为主要目标。受到香农定律的约束，信号噪声比越大，收发最小天线数越大，以及同时同频使用用户数越多，则频谱效率越高。4G主要依赖MIMO+OFDMA，5G主要依赖灵活业务调度以及Massive MIMO提升频谱效率。

5G终端引入更多天线［从1T2R（即1发2收）到2T4R（即2发4收）］和网络引入更多天线（从2T2R到32T32R以上），都可能导致设备功率消耗增加。为解决这一问题，一方面要依靠功率线性

化技术和半导体工艺的优化；另一方面如果5G吞吐量相比4G吞吐量有显著提高，单位比特能耗也会呈数量级降低。比如基站从传统的4T4R上升到Massive MIMO，功耗若增加一倍，则一般容量会增加3~5倍，仅仅从比特意义上看，5G功率效率就大幅度提高了。

无论是从天线结合RRU（remote radio unit，射频拉远单元）还是有源天线的角度，运营商必须在有限的站址空间内放置多个频段的设备（基站），并且为了提高容量而提供尽量多的信号处理端口，这就是所谓的站址效率，其必然受到麦克斯韦定律的刚性约束。多频段多端口天线、高效率滤波器、高效率功放以及多频段天线和射频集成工艺等成为5G站址效率提升的关键。

4. 终端多样性原则

5G终端除了常规的智能手机，更多承载的是全场景的“端接万物”，将会呈现出千奇百怪的形态。由于家庭、企业和行业场景的差异性以及需求的动态变化，终端开放性、安全性以及融合计算、存储、感知、定位和AI的能力成为5G成败的关键。

（二）无线接入

与其他移动通信代际演进一样，无线空口以及无线网络架构成为5G的最主要特征。从长远来看，5G将与支持小带宽（1.4~20 MHz）的LTE、NB-IoT及其长期演进版本共存。因此5G继承LTE的空口协议分层（PHY/MAC/RLC/PDCP/RRC等）以及帧结构的主要特征，这对于网络部署、灵活频谱使用以及降低系统复杂度都有好处。

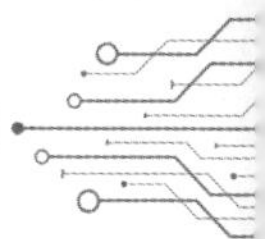

1. 无线空口

5G空口主要考虑以下因素。

（1）业务多样性。4G主要聚焦在人与人之间的通信，即移动互联网。而5G除了进一步增强移动互联网之外，还需要使能万物互联。5G时代的业务将空前繁荣。无论是远程实时操控要求的毫秒级时延，还是AR/VR和超高清视频要求的Gb/s级带宽，抑或是每平方千米上百万连接数要求的广覆盖、低功耗物联网，都对空口的设计有要求且差别巨大。

（2）业务延展性。5G将扩展移动通信的边界，拥抱垂直行业并成为其效率提升的助推器。但是相比移动互联网业务，垂直行业的需求差异很大。这种存在业务差异而总量又不大的所谓"长尾性"决定了在设计空口时，不可能为每一类行业需求定制一个空口，而需要在统一的空口框架下，使用不同的参数配置来适配长尾化的垂直行业需求。

（3）业务不确定性。未来总是超出我们的想象。我们必须承认，未来的4～5年会有太多的不确定性，新的无法预测的业务可能随着某一次技术革新而快速形成和发展。在面对5G的未来发展时，既要考虑业务的驱动，又要兼顾技术的适当超前，以应对未来业务的不确定性，实现业务和技术的双轮驱动。

综上所述，5G NR也就是5G新空口技术，定义的是移动终端到基站之间的协议部分。为了应对未来5G业务的多样性、延展性和不确定性，5G空口设计的主要策略是统一性、灵活性以及标准兼容性，集中体现在帧结构的设计中（图2-2）。

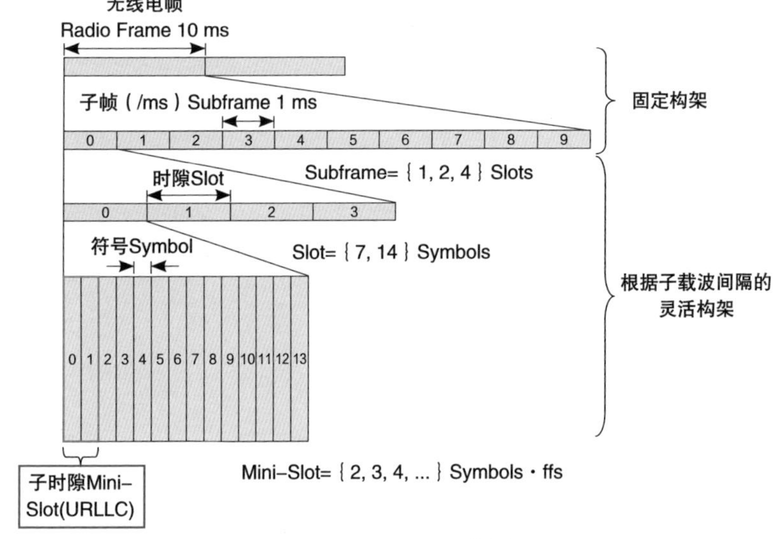

图2-2　5G NR灵活帧结构

5G的帧结构基于OFDMA（orthogonal frequency division multiple access，正交频分多址）。统一性是指FR1和FR2对不同带宽的支持能力、不同业务的支持能力以及FDD/TDD/SUL/SDL的空口统一性；灵活性是指根据业务状况支持不同业务的配比和组合；标准兼容性是指与LTE保持相似的帧结构，以及支持后续空口升级和业务定义。

2. 无线网络

从3G到4G乃至5G，有些方面是相对不变的，如图2-3和图2-4所示。首先网络分为RAN和CN两大部分。RAN在3G、4G和5G分别涉及RNC和Node B（node base-station，3G移动基站）、eNB（evolutionary node base-station，4G移动基站）、gNB（generation node base-station，5G移动基站）。RAN一直以提

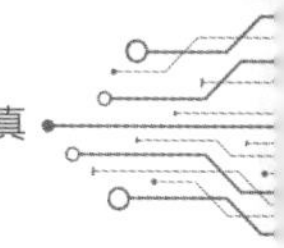

高频谱效率和功率效率为目的，分为RF（基带到射频变换）、PHY（物理层，编译码、调制解调等）、MAC（多用户资源调度以及纠错重传）、RLC（无线链路控制，如可靠以及有序的数据传输）、PDCP（分组数据汇聚协议，如协议头压缩以及解密加密）及RRC（无线资源控制，如功率控制、切换控制以及拥塞控制）等协议层次。从3G到4G乃至5G，变化的是网元的重新定义和组合，以及每个协议层的演进和革命，但是关键的协议层次并没有发生结构性变化。

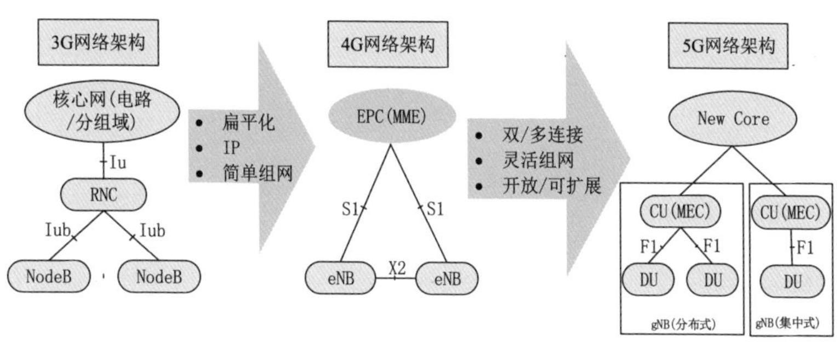

图2-3　3G到5G无线接入网络变化

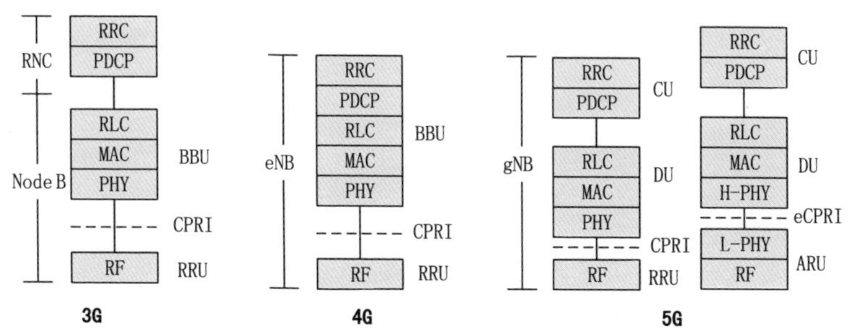

图2-4　5G协议与设备映射

移动通信前传（Fronthauling，如图2-4所示），指的是BBU池拉远连接RRU部分，其链路容量主要取决于无线空口速率

和MIMO天线数量。4G前传链路采用CPRI（common public radio interface，通用公共无线接口）协议。在5G阶段，由于其频谱带宽导致无线速率大幅提升、MIMO天线数量成倍增加，CPRI无法满足5G的前传容量和时延需求，为此标准组织正积极研究新的前传技术，包括将一些处理能力从BBU下沉到RRU单元（如图中的L-PHY），以减小时延和前传容量等，由此形成了eCPRI（enhanced CPRI，增强型通用公共无线接口）。

与4G相比，5G的变化主要有：

（1）高层切分。gNB分为CU（center unit，中心单元）和DU（distribution unit，分布单元），具体见图2-4和图2-5。CU和DU可以合并构成集中基站，主要应用于大范围覆盖的宏基站。CU和DU可以构成分布式基站系统，主要适用于密集组网以及宏基站与其所属的微基站协同处理。DU主要靠近基站天线，CU主要靠近业务汇聚点。

（2）底层切分。考虑到5G天线端口增多以及射频带宽增加，部分物理层的处理功能（L-PHY）靠近射频，实现优选有源天线。只包括射频的称为RRU；包括L-PHY的称为ARU，ARU是有源射频单元，即有源天线。

（3）核心网分化。主要有MEC和New Core，MEC更多会考虑下沉到靠近用户侧的网络边缘，比如可以与CU共享通用服务器物理实体，实现逻辑分离。

（4）CU集中式部署，DU分布式部署。如图2-5所示，该部署架构非常适合于热点区域。如果将图中的CU和DU分别替换为BBU以及RRU，这就构成了传统的云无线接入网络（C-RAN，

Cloud RAN），C-RAN更有利于物理层协作和高效的资源调度，可实现更高频谱效率。

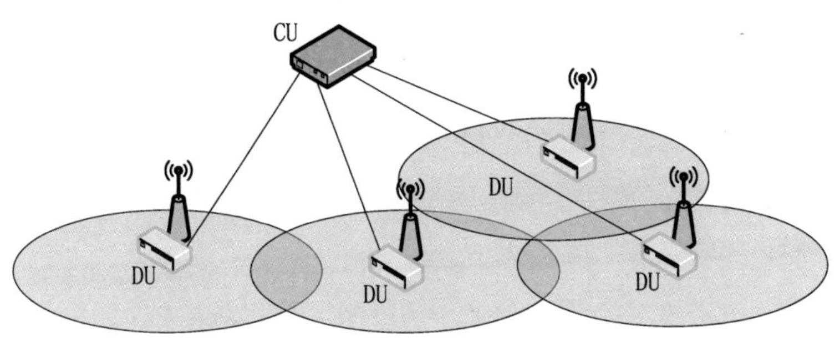

图2-5　CU集中DU分布式部署

（三）系统架构

运营商的网络中包括大量的网元设备，这直接导致设备更新成本高、推出时间慢以及网络优化困难等问题，因此系统架构的选择显得尤为重要。

1. SDN/NFV——5G方法论

软件定义网络（SDN）是一种将网络设备的控制平面与数据平面分离，并将控制平面集中实现软件可编程的新型网络体系架构。在传统网络中，控制平面功能分布式地运行在各个网络节点（如基站控制器、交换机、路由器等），因此如果要部署一个新的网络功能，就必须将所有网络设备升级，这极大地限制了网络的演进和升级。SDN采取集中式的控制平面和分布式的数据平面，两个平面相互分离，其中控制平面利用通信接口对数据平面上的网络设备进行集中控制，并向上提供灵活的可编程能力，全面解决控制平面和数据平面耦合问题。

网络功能虚拟化（NFV）是一种将网络功能整合到行业标准的服务器上，并且提供优化的虚拟化数据平面，可通过服务器上运行的软件取代传统物理网络设备的技术。通过使用NFV可以减少甚至移除现有网络中部署的中间件，它能够让单一的物理平台运行于不同的应用程序；NFV适用于任何数据平面和控制平面功能、固定或移动网络，也适用于需要实现可伸缩性的自动化管理和配置。

综上所述，SDN和NFV在5G中的作用可以概括如下：SDN技术是针对网络控制平面与数据平面耦合问题提出的解决方案，采用SDN技术使得部署用户平面功能变得更灵活。将用户平面功能部署在离用户无线接入网更近的地方，可以提升用户使用体验，比如降低时延。NFV技术是针对EPC（evolved packet core，分组核心网）软件与硬件严重耦合问题提出的解决方案，这使得运营商可以在通用的服务器、交换机和存储设备上部署网络功能，极大地降低时间和成本。

在5G移动通信系统中，SDN和NFV技术将起到重要赋能的作用，实现网络灵活性、延展性和面向服务的管理。灵活性是指实现按需可用、量身定制的功能。延展性是指满足相互矛盾的业务需求的能力，例如通过引入适合的接入过程和传输方式，支持增强型移动宽带（eMBB）业务、海量机器类通信（mMTC）业务和超高可靠超低时延（uRLLC）业务。面向服务的管理将通过基于线程的控制平面，以及基于NFV和SDN的联合框架的用户平面来实现。

图2-6是基于SDN/NFV的5G网络架构。对5G网元的简单介绍如表2-6所示。

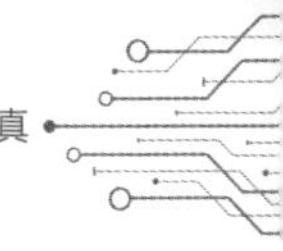

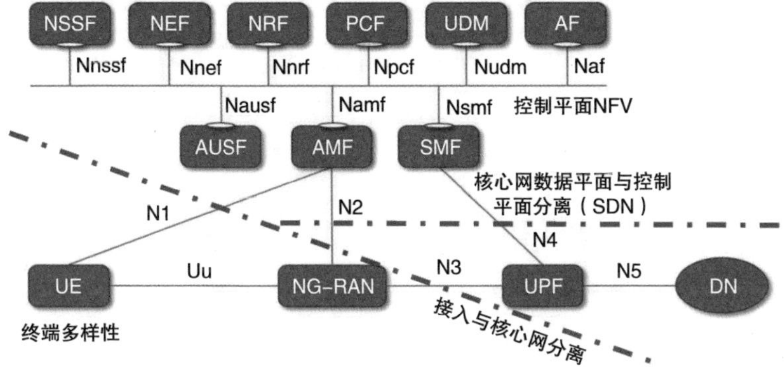

图2-6　5G网络总体架构

表2-6　核心网元说明

5G网元	描述
AUSF：authentication server function	UE鉴权和认证
AMF：access and mobility management function	注册、连接和移动管理
AF：application function	应用功能
DN：data network	数据网络
PCF：policy control function	从UDM获得签约并下发到AMF等
NEF：network exposure function	网络开放功能
NRF：network repository function	网络存储功能
NSSF：network slice selection function	为UE服务的切片实例
SMF：session management function	会话管理（含IP分配）
UDM：unified data manegement	签约数据管理
UPF：user plane function	用户平面路由和包转发

2. NSA与SA——使能网络演进

5G NR标准给出两种组网方案（图2-7），分别为NSA（non-stand alone，非独立组网）和SA（stand alone，独立组网）。

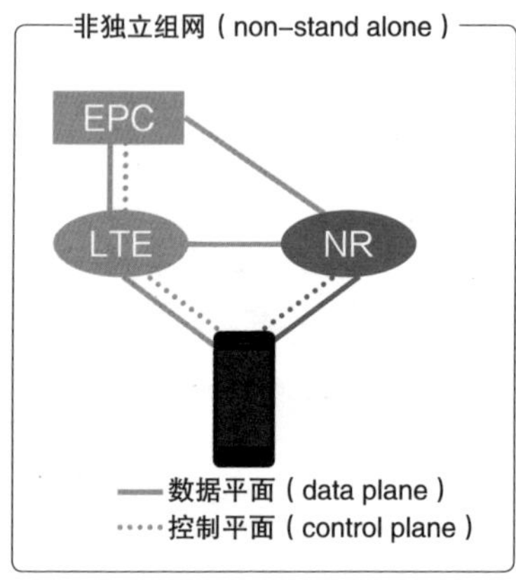

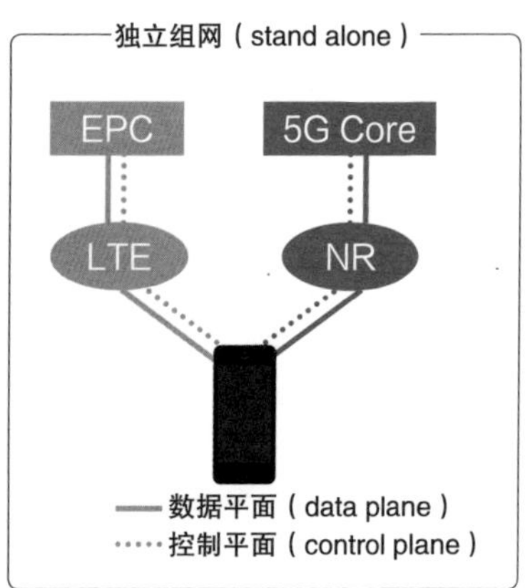

图2-7　NSA以及SA网络部署

NSA作为过渡方案，以提升热点区域的带宽为主要目标，可利用原有4G基站和4G核心网进行升级改造来运作。基于NSA架构的5G载波仅承载用户数据，其控制信令仍通过4G网络传输，其部署可被视为在现有4G网络上增加新型载波进行扩容。运营商可根据业务需求确定升级站点和区域，不一定需要完整的连片覆盖。在5G网络覆盖尚不完善的情况下，NSA架构有利于保证用户的良好体验。NSA无法很好地支持IoT（Internet of Things，物联网）业务以及网络切片。

SA则能实现所有5G的新特性，有利于发挥5G的全部功能，是业界公认的5G目标方案。SA具有4G和5G可以选择不同厂家、业务能力强以及避免NSA对于4G接入网进行改造等优势，因此中国三大运营商将SA作为首选建网方案。SA建网初期就要投入建设5G核心网以及连续覆盖的接入网，初期成本较高，也是运营商不得不考虑的因素。

3. 网络切片——使能丰富场景

5G网络切片是指在统一的5G网络上构建的相互隔离、自动化以及快速推出的虚拟网络，可以满足特定的业务需求（视频监控的上行高速率、电网监控的低时延和高可靠），并依据SLA（service level agreement，服务等级协议）提供差异化服务保障。

租户通过自主门户或API（application programming interface，应用程序编程接口）网关向运营商在线订购网络切片，并向CSMF（communication service management function，通信服务管理功能）提交相关需求，比如在线用户数、平均速率、时延、安全隔离、业务类型、成本、覆盖区域等。CSMF转化成网络切片的SLA需求，通过义务编排并分配到各级网元执行。CSMF可以向租户提供网络切片状态的可视化展示。

如图2-8所示，根据不同的服务需求，可以将物理网络切片成多个虚拟网络，包括智能手机（eMBB）切片网络、自动驾驶（V2X）切片网络、大规模物联网（eMTC）切片网络等。

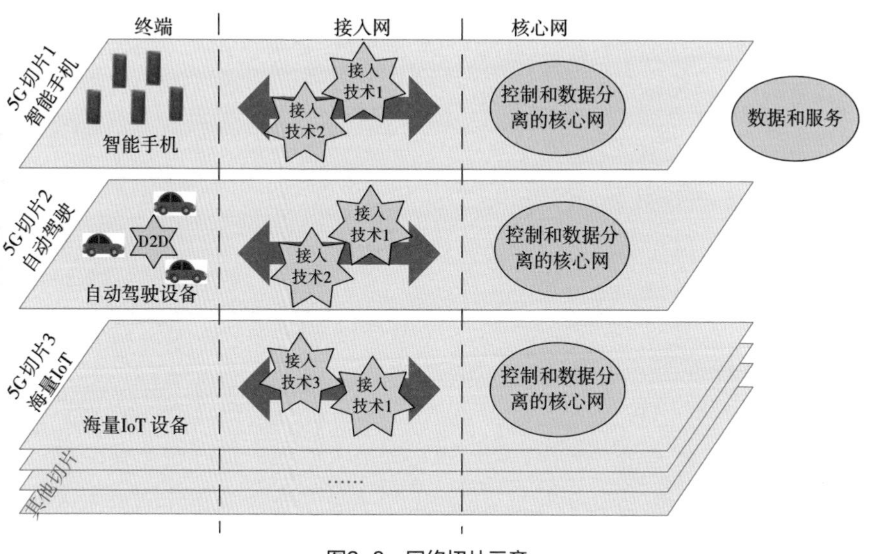

图2-8　网络切片示意

网络切片具备端到端网络保障SLA、业务隔离、网络功能按需定制以及自动化等特征。

（1）网络切片设备接入到无线、传输到核心网甚至终端等多个网络域，网络切片实现多域协同以及SLA分解。

（2）不同切片共享硬件资源和传输资源，但是会构建不同的业务实例，其逻辑上又相互隔离，保障各自的网络安全性、可靠性及不相互干扰。

（3）网络切片按需定制，动态编排；但需要给租户运维人员提供易观察、易操作以及易管控的工作界面。

（4）网络自动运维。从运营商的角度，目前网络切片引入了一种新的业务运营模式，可以更好地服务客户，特别是垂直行业客户，实现最佳的经济效益；从租户角度，在运维可参与的基础上又避免了构建专网的巨大代价和风险，可集中于核心价值创造。从3GPP协议角度来看，网络切片在很大程度上依赖于各个厂商的具体实现，因此没有对相关的资源管理进行详细的标准化，网络切片需要在实践中找到最佳方案。

4. 边缘计算——使能多样应用

MEC最初表示移动边缘计算，其定义为“移动用户附近的无线接入网络提供的IT和云计算功能”，强调服务的邻近性和可获得性。迄今为止，MEC的功能不是局限于字面的移动网络，而是多接入边缘计算（multi-access mobile edge computing），还涵盖非 3GPP 接入（如Wi-Fi和固定网络），是一种万能业务倍增器。MEC的广义定义为“为应用开发者和内容提供者在网络边缘提供云计算功能和IT服务环境”。

为展现MEC的价值，下面列举几个典型的应用场景。

应用场景1：智慧安防的场景中，针对新型犯罪及社会管理等公共安全问题，边缘计算和视频监控技术的结合可以提高视频监控系统前端摄像头的智能处理能力。

应用场景2：分布式缓存技术可以节省回程和传输流量、减少时延改善体验质量（QoE，quality of experience）以及减少视频卡顿。

应用场景3：自动驾驶汽车中的数百个传感器每小时将产生Tb级别的数据量，从安全性的角度看，MEC与云计算的结合能让汽车规避紧急情况带来的突发危险。

应用场景4：在回程通信故障的情况下，本地边缘计算节点仍然可以向本地连接到该节点的设备提供通信和应用支持，完成脱网信息服务。

综上所述，5G MEC可以极大地提升系统的速率、减少时延以及提高安全性等性能。终端将面临由于网络能力和终端复杂度带来的带宽限制。随着网络接入节点连接数不断增加，将产生海量数据，如果所有数据都要回到云端进行分析终结，既浪费了带宽，又增加了时延。大量数据需要分析、处理与储存，而这些数据符合“数据+模型+算法=AI”的人工智能应用范式；大量数据具备区域化、专有化的特征，特别是对于行业和企业数据；5G终端海量增加，会产生许多的安全问题（如代理人攻击以及网络断网等），MEC可以起到安全隔离作用。MEC部署具有通用计算平台定制化以及软件可编程重构的特点，在5G时代会发挥更大作用。从某种意义上看，若没有MEC，5G业务目标可能无法达成。

MEC与云计算是一种互补的关系。云计算把握整体，聚焦非实时、长周期以及跨地域数据的分析，能够在周期性维护和数据挖掘等领域发挥特长；而MEC则专注于局部，聚焦实时、短周期数据的分析，能够更好地支撑本地业务的实时智能化处理与执行。所以，从业务端来看，二者天然互补，共同构成5G网络即服务（5GaaS，5G as a Service）。

MEC为运营商、企业和行业提供了一个采用新模型降低成本但同时提高竞争力的机会，公网专用或者专网专用的MEC都有可能成为企业和行业的核心资产。在运营商实际部署的过程中，需要考虑以下策略。

（1）将无线接入节点转变为能够直接从网络边缘提供高度个性化服务的智能服务中心，同时在通信网络中提供最佳性能。

（2）可以融合部署在不同服务器上。5G应用最有可能和DU功能融合。

从设备层面看，MEC支持GPU（graphics processing unit，图形处理器）、NP（network processor，网络处理器）、AI等异构硬件组合，应该具有可定制的性能、集成度、功耗能力，同时支持用户平面一站式集成、即插即用，轻松实现业务快速投放。

（四）终端

面对业务能力、成本、覆盖以及功耗等需求，如何选择合适的终端是构建5G解决方案最为重要的考虑因素之一。2019年5G手机和客户前置（终端）设备（CPE，customer premise equipment）累计有150多款，预计2020年底工业级模块也会推出。虽然5G的终端分类还没有形成相关标准，但是LTE终端分类（category，简称Cat）原则依然有重要的参考意义。表2-7给出了LTE从Cat 0至Cat 12的终端分类，相关说明如下。

表2-7　LTE终端类型

等级	下行峰值传输速率（$Mb\cdot s^{-1}$）	MIMO流数	上行峰值传输速率（$Mb\cdot s^{-1}$）	标准
Cat 0	0.2	1	0.2	R12
Cat 1	10	1	5	R8
Cat 2	50	2	25	R8
Cat 3	100	2	50	R8
Cat 4	150	2	50	R8
Cat 5	300	4	75	R8
Cat 6	300	2/4	50	R10
Cat 7	300	2/4	150	R10
Cat 8	1200	8	600	R10
Cat 9	450	2/4	50	R11
Cat 10	450	2/4	100	R11
Cat 11	600	2/4	50	R12
Cat 12	450	2/4	100	R12

（1）终端能力反映的是上行和下行峰值传输速率。用户实际感知速率与所处环境、基站状态以及用户数目相关。

（2）终端峰值传输速率是用户终端天线数目（典型为2天线，部分是4/8天线）和射频复杂度、调制能力以及频谱带宽综合作用的结果。MIMO流数为4意味着终端至少是4副天线；Cat 7/Cat 8上行能力提高是因为上行支持更高级调制（从16QAM到64QAM，即最多4b/Hz到6b/Hz）；Cat 8能力提升是因为采用基本

带宽聚合（20~40 MHz甚至更高带宽）。

（3）不是所有的终端等级都会被市场接受。绝大部分运营商选择Cat 4和Cat 6而跳过Cat 5，是因为Cat 4要求2发2收的RRU即可，而Cat 5要求必须是4发4收的RRU，而且要求终端支持高阶调制，对终端成本和功率效率要求极高，Cat 6对基站和终端侧要求比较宽松。

（4）不同终端定位不同。Cat 8面向WTTc（wireless to consumer，无线到消费者）或者WTTe（wireless to enterprise，无线到企业）的领域；Cat 0（NB-IoT）、Cat 1（eMTC）和Cat 4分别面向低中高端IoT。高速数据可以选择Cat 4，如直播和车联网，共享单车以及移动POS机可采用Cat 1，电表可选择Cat 0。

下面着重介绍Cat 0，即NB-IoT。Cat 0的目标是通过低功耗、低成本以及广覆盖的设备，支持包括可穿戴设备、智慧家庭和智慧电表在内的广域窄带物联网应用。为了通过降低复杂度来降低成本乃至功耗，采用的技术措施包括：支持FDD半双工模式；带宽减小到1.4MHz；单发单收链路；降低通信、计算和存储资源需求；采用低数据速率模式。Cat 0与Cat 4相比，终端成本预计至少降低75%。为了降低功耗以及增加电池使用寿命，Cat 0支持PSM（power saving mode，节能模式）方案，如果设备支持PSM，在附着或TAU（tracking area update，跟踪区更新）过程中，PSM向网络申请一个激活定时器值，当设备从连接状态转移到空闲状态后，该定时器开始运行。当定时器终止时，设备进入省电模式，不再接收寻呼消息，直到设备需要主动向网络发送信息。采用PSM，两节5号电池可以使用数年以上。为了增加覆盖，除了基站侧选择Sub 1GHz频段外，还考虑在低信噪比条件下工作。

5G终端关键的一个特性是引入了BWP（bandwidth part，带宽部分）技术。BWP为一个给定载波内连续的物理资源块（PRB，physical resource block）组合。引入BWP主要是为了用户设备（UE，user equipment）可以更好地使用较大载波带宽（比如C波段的100MHz以及毫米波段的400MHz）。对于一个大的载波带宽，如果让UE实时进行全带宽的检测和维护，将给终端的能耗带来极大挑战。BWP概念的引入就是在整个大的载波内划出部分带宽给UE用于接入和数据传输。UE只需在系统配置的这部分带宽内进行相应的操作。BWP还能保证系统前向兼容，当系统需要支持新的空口时，在BWP内定义即可。

一个终端可以配置最多4个BWP，对于FDD分别是上行BWP和下行BWP，对于TDD则是上下行配对的BWP（其中心频点相同，但是带宽以及子载波间隔可以不同）。对于BWP的操作可以通过高层信令配置、PDCCH（physical downlink control channel，物理下行控制信道）调度、定时器控制3种方式实现。下面是典型的4种BWP应用实例（图2-9至图2-12）。

实例1：终端带宽（如20MHz）小于整个系统带宽（如100MHz）。

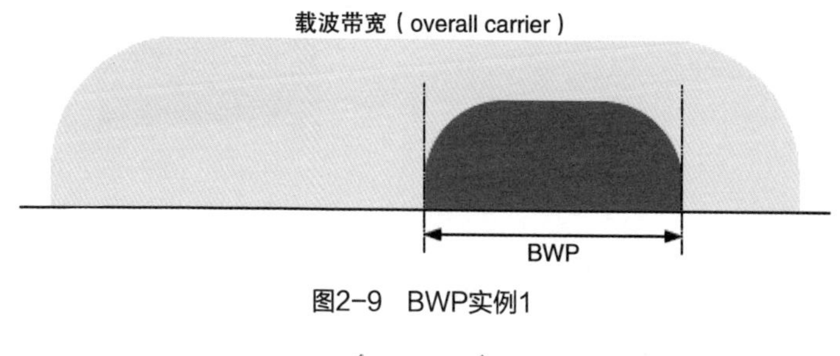

图2-9　BWP实例1

实例2：不同带宽的BWP之间的转换和自适应，满足吞吐量变化的前提下降低UE的电量消耗。

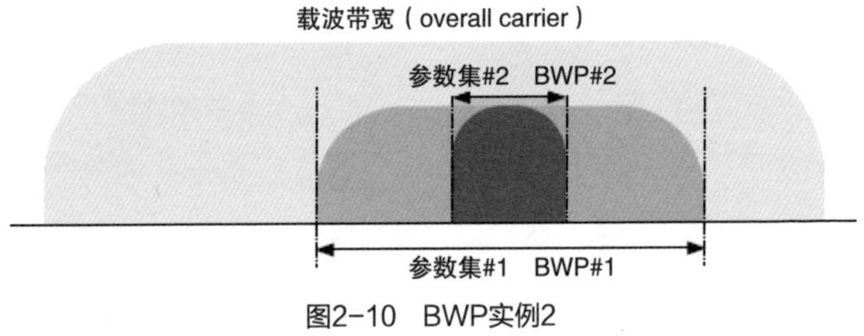

图2-10 BWP实例2

实例3：通过切换BWP可以变换空口参数集（numerology），比如从室外的高移动性小载波间隔变换到室内的低移动性大载波间隔。

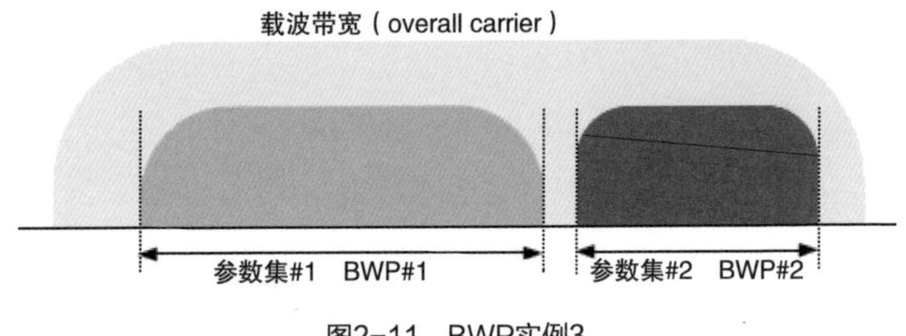

图2-11 BWP实例3

实例4：系统载波中可以支持存在空洞的情况，还支持灵活的频谱应用场景。

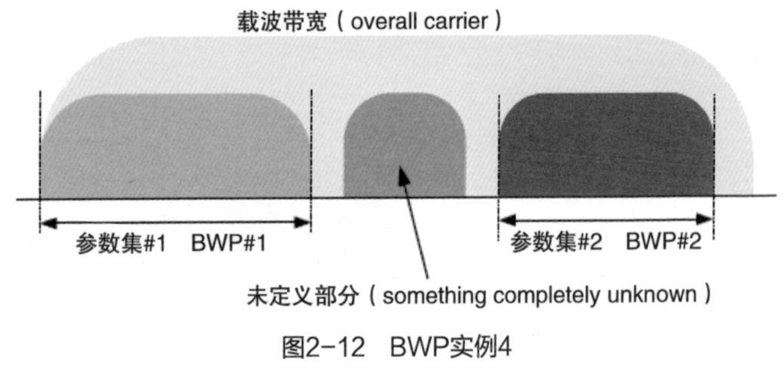

图2-12 BWP实例4

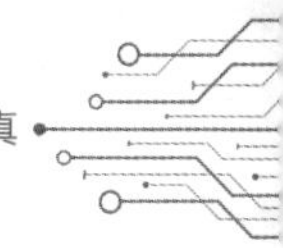

为了更好地支持IoT，5G定义了NR Lite，其目标是支持100Mb/s和50Mb/s的下行和上行能力；终端电池寿命比eMBB长2~4倍；覆盖能力比uRLLC强10~15dB；可以应用于工业无线传感器网络、视频监控、无人机远程控制、机械设备远程控制以及可穿戴设备等领域。

四、5G关键技术：施展魔力的绝招

5G关键技术是指5G之前尚未采用或者虽然探讨过却未规模使用，但对于5G网络部署以及业务能力达成具有很大收益并有望使用的技术。其中，Massive MIMO作为5G覆盖倍增器以及容量倍增器，保证3.5GHz以上频段的宏基站可部署性；毫米波通信技术可增强5G业务能力，并增加普遍部署的可能；考虑到万物互联对于行业以及企业的重要性，微小基站、IAB（integrated access and backhaul，综合接入和回传）以及D2D等在4G时代已萌芽的技术在5G时代可能发挥更大作用。

（一）大规模多天线

天线领域的创新符合螺旋式上升的规律，属于痛点驱动的创新领域。2G时代，为了改善覆盖，基站侧引入了支持空间分集和极化分集的2端口天线技术，手机侧采用单天线技术。3G时代，2端口天线成为基站的标配，手机侧采用单发双收技术；从TD-SCDMA开始一直到LTE TDD，8端口智能天线应用信道互易性，在改善覆盖和提升用户体验方面效果显著，成为标配，最多支持双用户双流并行传输；FDD LTE也逐步采用4端口的基站配置，支持单用户多流。

5G需要面对一些特有问题。首先，根据电波传播理论，5G FR1/FR2主力频率越高，路损越大，在同等EIRP（equivalent isotropically radiation power，等效全向辐射功率，即天线增益和发射功率的总和，常用dBm表示）下覆盖距离越短。理论上这可以通过增加天线数量来补偿，但是天线数量增加以及射频通道增加将导致成本急剧增加，因此必须平衡成本和性能。其次，5G必须提升3倍以上的容量，传统物理层编码、调制以及调度技术等传统手段效果有限，增加天线数以实现空分复用是最佳选择。

2010年底，贝尔实验室的Thomas在《无线通信》中提出5G大规模多天线（Massive MIMO）的概念。Massive MIMO还可以利用不同用户间信道的近似正交性降低用户间干扰，实现多用户空分复用。Massive MIMO是传统MIMO技术的扩展和延伸。如图2-13所示，Massive MIMO多用户复用优势在于可以在没有基站分裂的条件下实现空间资源的充分利用；波束赋形技术能够让能量极小的波束集中在一块小型区域，因此干扰能够被极大地抑制；将信号强度集中于特定方向和特定用户群，实现信号的可靠高速传输，是保障用户感知速率的关键。

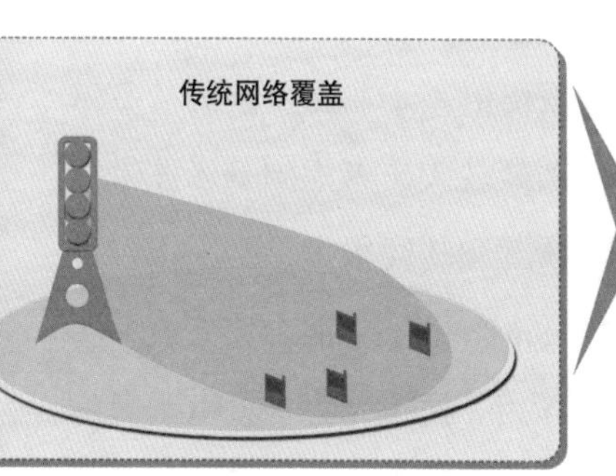

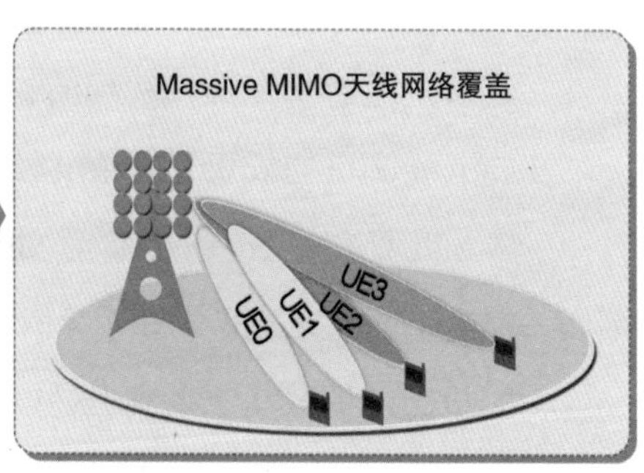

图2-13　传统天线系统和Massive MIMO天线系统比较

具体来说，5G中普遍采用Massive MIMO技术带来的结果是在Sub-6GHz频段，4G基本采用单列天线以及2T2R（2发2收）RRU

或者两列天线以及4T4R（4发4收）RRU，不具备多用户空分复用能力，累计支持不超过4流，同时立体覆盖和室外到室内覆盖能力差；5G采用Massive MIMO，可以支持多达16流，显著改善容量，并大幅度提升高楼覆盖能力；毫米波频段的链路损耗比较大，基站和终端均采用阵列天线进行定向传输，可以改善毫米波频段覆盖能力，有望在宏站和微站都能部署毫米波。

Massive MIMO可以应用于如下场景：

（1）密集城区、中心商务区以及体育馆：具有大量用户、上下行容量需求大、需要有效抑制干扰。

（2）无室分场景：通过室外到室内解决O2I问题（即室内覆盖问题）。

（3）上行受限场景以及SUL：利用较强的接收性能。

考虑到Sub-6GHz带宽一般在100MHz量级，为了通过信道互易性进行快速波束跟踪以及对不同用户进行干扰抑制，常常采用DBF（digital beam forming，数字波束成形）（图2-14），其波束成形是通过基带加权实现的，DBF需要依赖于非常严格的从基带到天线端口的校正，复杂度较高，功耗较大。考虑到毫米波带宽多为几百兆赫兹以上，数字处理复杂度和功耗很大，常采用以模拟为主的波束成形即HBF（hybrid beam forming，混合波束成形）（图2-15），其波束成形是以射频移相（模拟）为主，以基带移相（数字）为辅，HBF同样也需要进行校正，HBF付出的代价是基站和终端的双向对准，因此需要一定的对准时间（几毫秒到几十毫秒量级），会适当牺牲移动性（即高速支持能力较差）。但考虑到毫米波主要是以极致速率传输为主，这样的牺牲是值得的。

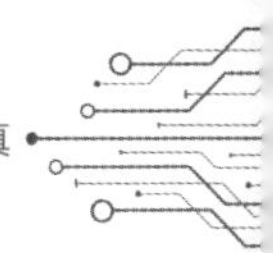

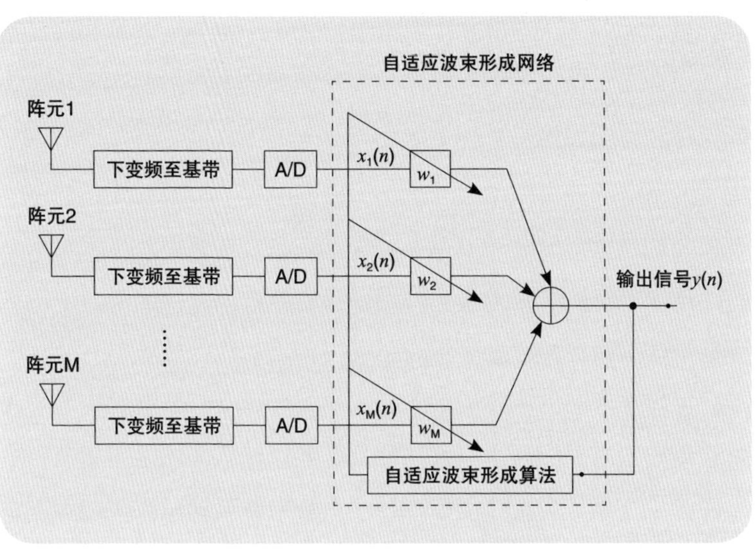

图2-14　Sub-6GHz采用的DBF架构

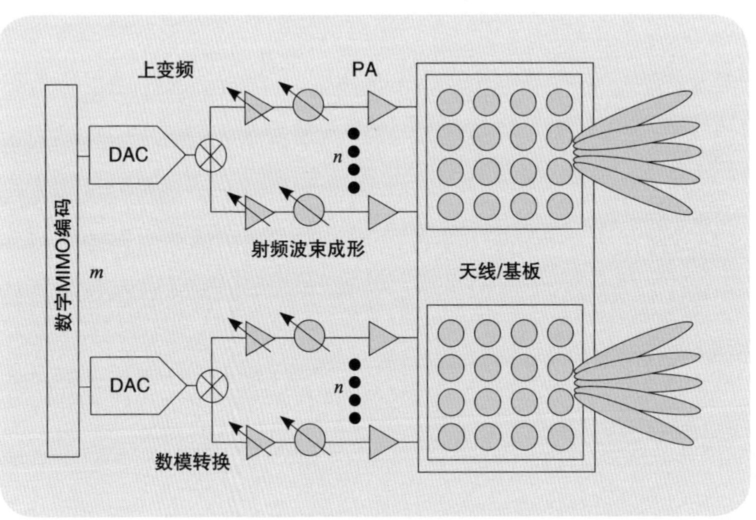

图2-15　毫米波采用的以模拟为主、数字为辅的架构（HBF架构）

虽然Massive MIMO被普遍运用到5G第一批商业部署当中，但是这项技术在功率效率、多用户配对、移动支持能力以及小包业务支持能力等方面仍有很大的提升空间。

（二）毫米波通信

迄今为止，尽管美国、韩国以及中国香港等国家或者地区进行毫米波预商用，但是毫米波在民用移动通信领域还没有成功案例。目前毫米波的成功实践包括：以15GHz/70GHz为代表的可视微波传输，为了保证通信可靠性，必须保证菲涅尔区无遮挡；主要得益于外太空和大气层损耗较小，毫米波卫星通信获得一定应用；短距离（100 m以内）汽车雷达。总体看都是在可靠传输信息前提下，利用了毫米波大带宽、高分辨率的优点。

借鉴上述经验，室外小型蜂窝、室内、固定无线和回传等场景部署毫无疑问是毫米波的主战场。一方面，这些场景损耗可控；另一方面，还可以利用空间（比如多个办公区域）天然隔离多用户干扰、构造频率复用以及提高频谱效率。同时要考虑到毫米波带宽很大，可以比C波段提高数倍单用户体验，因此通过增加EIRP，毫米波可以应用于宏站室外场景，充分利用室外强发射和直射路径进行通信，并有效分担Sub-6GHz负荷。

如图2-16所示，毫米波通信的核心内容首先是基站和终端双向对准，其次是尽量通过空时频等规避干扰。

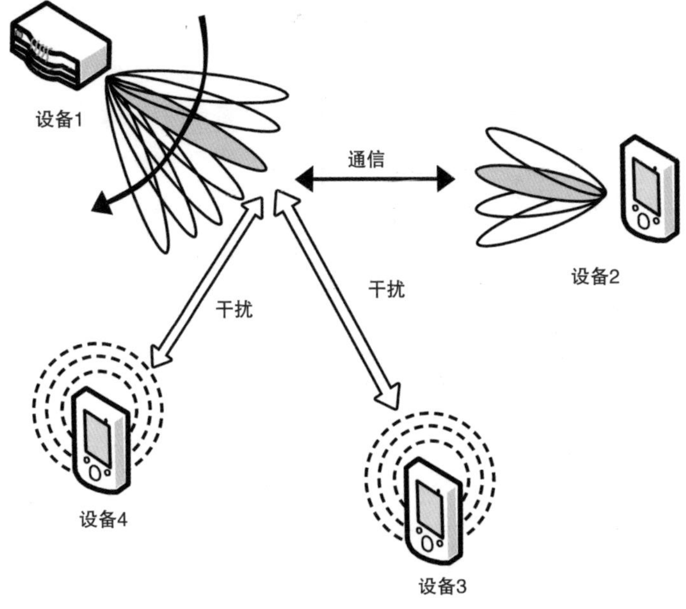

图2-16 毫米波通信和干扰示意

（三）微小功率基站

在4G之前，微小功率基站主要应用在数字室内系统（DIS，digital indoor system）、少量室外补盲以及少量的普遍服务边际网，规模很小，并常常只是作为大功率宏站的补充。主要原因是微小功率基站站址获取困难，而且使用成本更加昂贵。同时，低频段宏蜂窝已经可以很好地兼顾容量和覆盖，微小功率基站的使用反而会导致干扰严重，而且频谱有限，无法进行干扰规避。5G一开始就将在微小功率节点基础上构建的超密集组网（UDN，ultra dense network）（图2-17）作为与频谱获取以及频谱效率提升并重的措施提出。

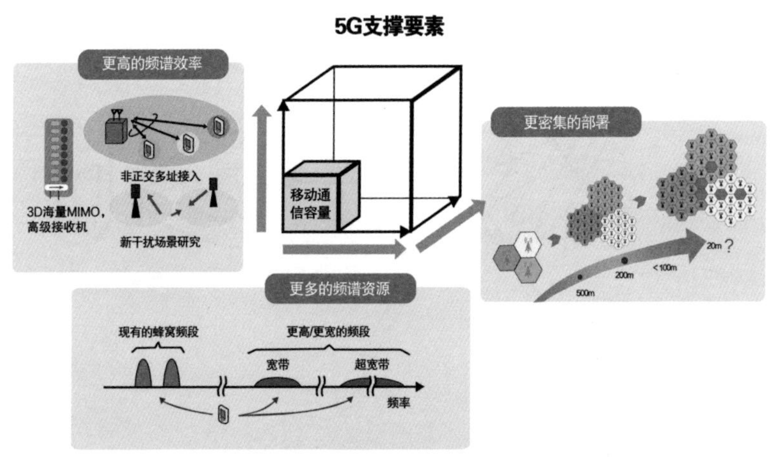

图2-17　微小功率基站以及密集组网的意义

5G的微小功率基站组网可行性提高，原因在于：

（1）5G核心频段处于较高的厘米波频段和毫米波频段，电磁特征尺寸小，同等阵列规模下物理尺寸小，输出功率受限。采用微小功率基站更经济、更环保，同时大带宽可以确保单位比特成本低。另外高频段频谱宽裕，提供了更好的干扰规避手段，部署UDN的可行性增加。

（2）各个国家都积极争取包括灯杆在内的站址资源，并推动与智能灯杆类似的多功能解决方案，社会共建5G成为可能，通信分担成本降低。

（3）5G产业赋能的特性使得行业和企业有动力自建网络，或者出让站址资源以委托运营商建设，针对专用场景实施部署微小功率基站的可能性大增。

（4）5G开放性也保证了网络建设方式具有多元化可能，同时具备场景众筹的可能。

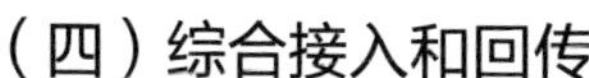

（四）综合接入和回传

移动通信回传（backhauling），指的是无线接入网连接到核心网的部分，是目前移动通信组网的主要选择。光纤是回传网络的理想选择，但在光纤难以部署或部署成本过高的环境下，点对点微波、毫米波回传、Wi-Fi回传甚至无线Mesh级联回传均是可能的替代方案，虽然这增加了灵活选择的可能，但是接入和回传属于刚性的异构绑定，不仅使设备集成困难，而且业务质量难以保证。基于上述原因，5G标准化组织定义了IAB，如图2-18所示。

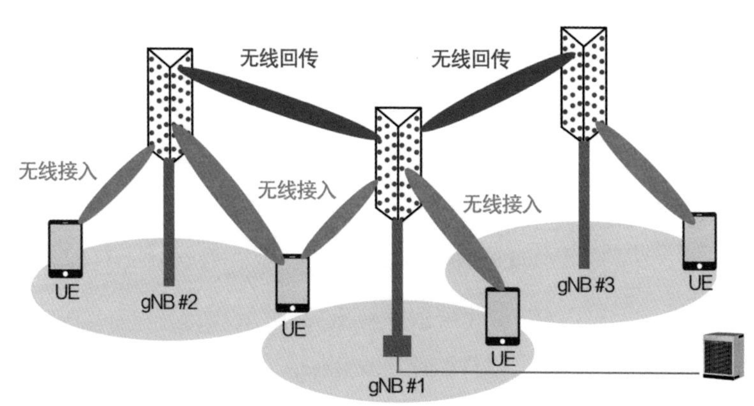

图2-18　IAB示意

面向未来微站密集的毫米波时代，城市里的每一根灯柱都可能部署微小功率基站，IAB利用5G频段特别是毫米波频段将无线接入和回传集成，接入和回传都采用5G协议，通过无线“自回传”实现更加灵活、简单、低成本的基站部署。因此IAB使得5G广泛部署更加可能，更加经济。

（五）设备到设备

迄今为止，移动通信都是基于网络（尤其是基站）的设备（如手机）到设备的可信任通信。这样的场景在5G时代会发生变化。首先，5G有些应用会呈现出可信任的邻近通信特点，比如物联设备之间的通信，如车与车、车与人、车与基础设施等；其次，5G很多频段存在覆盖空洞和通信盲区，存在机会通信的可行性；再次，企业和行业应用场景，扩展覆盖范围的通信需求强烈；最后，终端具备很强的通信、存储和计算功能。上述特征使得使用授权频段以及非授权频段的终端到终端直接通信（D2D）进入考虑范围。D2D是指数据传输不通过基站，而是允许一个移动终端设备与另一个移动终端设备直接通信。

回顾历史，在对讲机、Wi-Fi P2P（pear to pear）中都能找到D2D的影子。LTE也曾经推广过D2D，被称为LTE Proximity Services（ProSe）技术，主要包括直连发现（direct discovery）功能，即终端发现周围有无可以直连的终端；以及直连通信功能，即与周围的终端进行数据交互。4G时代，D2D主要应用于公共安全领域。到了5G时代，由于车联网、自动驾驶、可穿戴设备等物联网应用将大量兴起，D2D通信的应用范围有望扩大，其最大动力可能来源于企业和行业会将5G D2D技术应用到企业专用频谱和免授权频谱中。因此，相关各方需要在控制干扰的前提下保持开放的心态，探讨各种可行的使用方式。

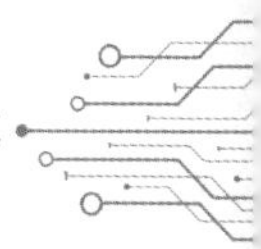

五、面临挑战及其对策：更上一层楼

5G并非高枕无忧，一方面智能手机边际效应显现，另一方面IoT应用尚需时日。下面列出的都是5G必须在后续标准化以及应用实践中重视的问题。5G是开放的系统，一定能在危中觅机。

（一）信息安全

移动通信一直有重视信息安全的传统。GSM采用了SIM卡基础上的网络对于终端的鉴权，但是这会导致国际移动用户识别码（IMSI，international mobile subscriber identification）暴露，社会上出现了伪基站一条街现象。4G采用终端和网络双向鉴权。为了提高通信安全和保护用户隐私，在继承3G、4G网络安全技术的基础上，5G网络又开发出多种网络安全机制，其中网络切片、多元可扩展认证和智能型主动防御这三种机制最值得关注和期待。

1. 网络切片安全机制

构建网络切片安全机制可以提高通信系统灵活性、可扩展性和部署速度。5G网络切片是基于无线接入网、承载网与核心网基础设施，以及网络虚拟化技术构建的一个面向不同业务特征的逻辑网络。网络切片安全除了提供传统移动网络安全机制（例如接入认证、接入层和非接入层信令安全、数据的机密和完整性保护等）之外，还需要提供网络切片之间端到端的安全隔离机制，以保证不同应用质量相互不受影响。

2. 多元可扩展安全机制

进入5G时代，移动通信网络不只是服务于个人消费者，更重要的是服务于垂直行业。5G时代不仅仅是构建更快的移动网络或者研发功能更强大的智能手机，而是产生诸如mMTC和uRLLC这些连接世界的新型业务。在5G网络中，将融合传统二元（基站和终端）信任模型，构建如图2-19所示的多元（基站、终端以及其他核心网网元）信任模型。网络和垂直行业可结合业务身份管理，使得业务运行更加高效，用户的个性化需求得以满足。

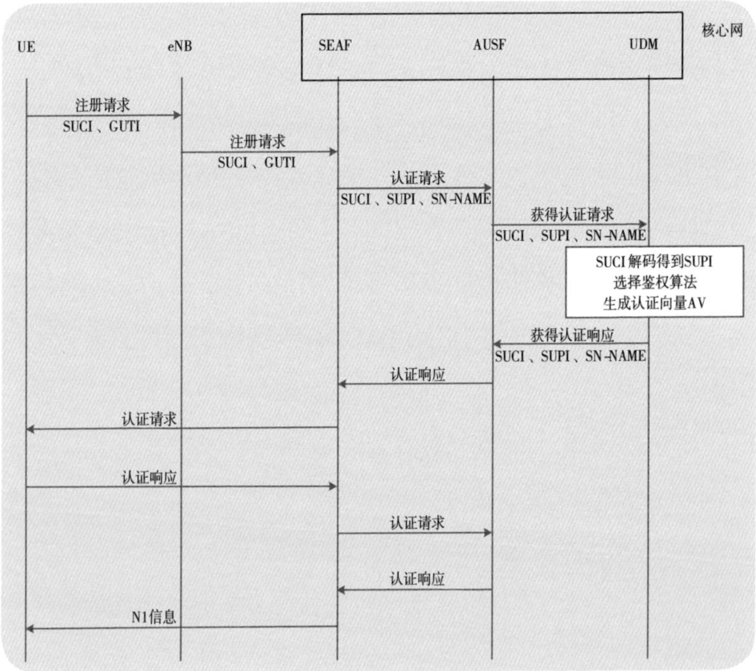

UE　eNB　SEAF　AUSF　UDM　核心网

注册请求 SUCI、GUTI

注册请求 SUCI、GUTI

认证请求 SUCI、SUPI、SN-NAME

获得认证请求 SUCI、SUPI、SN-NAME

SUCI解码得到SUPI
选择鉴权算法
生成认证向量AV

获得认证响应 SUCI、SUPI、SN-NAME

认证响应

认证请求

认证响应

认证请求

认证响应

N1信息

注：SUCI，subscription concealed identifier，用户隐藏标识；GUTI，globally unique temporary UE identity，全局唯一临时UE标识；SEAF，security anchor function，安全锚功能；SUPI，subscription permanent identifier，用户永久身份标识；SN-NAME，service network name，服务网络名称

图2-19　5G鉴权流程

3. 智能型主动防御安全机制

5G是个开放的网络，海量物联网设备暴露在户外、硬件资源受限、无人值守，且易受黑客攻击和控制，这都将使其面临大量的网络攻击。如果采用现有的人工防御机制，不仅响应速度慢，还将导致防御成本急剧增加，所以需要考虑采用智能化机制防御来自海量物联网设备的安全威胁。

（二）绿色节能

5G功耗需要从终端和基站两个角度看。

从终端角度来看，一方面电池容量越来越大，另一方面用户终端日使用时长增加，因此节能问题非常突出。4G及4G以前，终端节能获益于硅基工艺在基带和射频通道的高集成红利以及化合物半导体在前端PA方面功率效率提升的优势，也获益于不连续发射和不连续接收的特性。5G需要考虑不同频段的功耗数据，并根据信道条件选择合适的频段进行通信，给定流量传输需求（Gb/s为单位）时，某个频段的功耗就等于功率与时长的乘积。当毫米波和Sub-6GHz都有比较好的信号质量，都符合传输条件时，毫米波大带宽可以确保更少时长传完给定的流量，而毫米波与Sub-6GHz相比，功耗并没有提高多少，因此存在一个拐点。例如，当毫米波功耗是C波段功耗的2倍时，若毫米波通信时长小于C波段2倍则是节能的。事实上毫米波通信时长大概是C波段的1/10，这意味着可以节约80%的电能。从节能的角度，只要传播条件许可，毫米波更节能。C波段的优势是小包和中包，在这种情况下，强行选择毫米波反而无益。

5G基站有两大类：一是传统的BBU+RRU分布式基站；二是CU+DU（含ARU）的高层切割架构。如图2-20所示，基站耗电主要是ARU（或RRU）和BBU，BBU主要负责基带数字信号处理，比如FFT（fast Fourier transform，快速傅立叶变换）/IFFT（inverse fast Fourier transform，快速傅立叶逆变换）、调制/解调、信道编码/解码等普遍采用ASIC（application specific integrated circuit，特殊应用集成电路）来实现；AAU（active antenna unit，有源天线单元）主要由DAC（digital to analog conversion，数模转

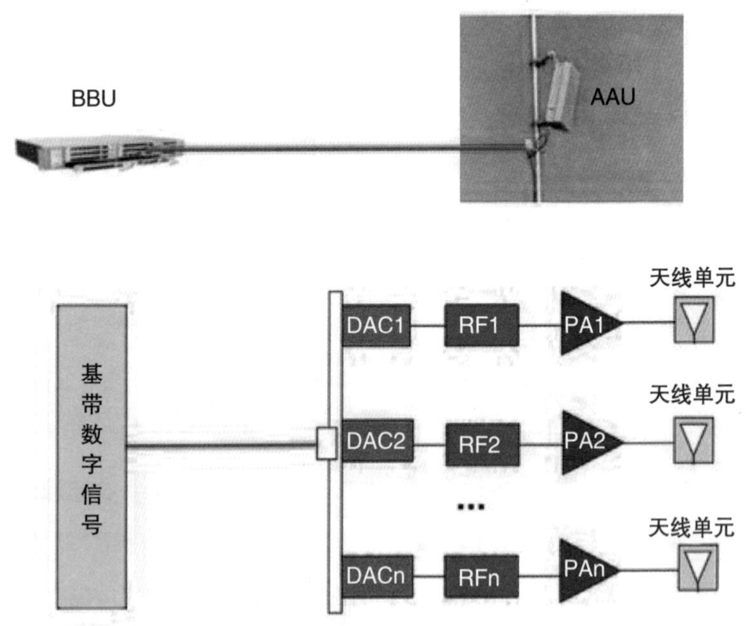

图2-20　基站架构及其功耗

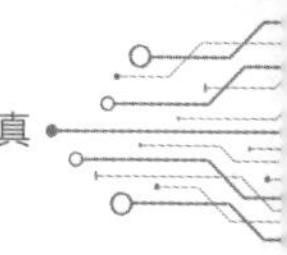

换）、RF（radio frequency，射频单元）、PA（power amplifier，功放）和天线单元等部分组成，主要负责将基带数字信号转为模拟信号，再调制成高频射频信号，然后通过PA放大至足够功率后，由天线发射出去。

4G的少通道到5G的Massive MIMO多通道（32甚至64以上），在同等输出功率的前提下，主要功耗差异在于通道数增加带来的收发变频、ADC（analog digital converter，模数转换器）以及DAC、DPD（digital pre-distortion，数字预失真）、CPRI/eCPRI等部分，不同厂家由于架构和器件工艺不同，5G功耗增加也可能不同，即便如此，5G相对于4G单位比特功耗（b/J）仍然呈现下降趋势，总体节能。5G节能的命题在于两个方面：①考虑到单个站址功率容量有限，需要降低5G峰值功耗；②考虑到业务量随时间变化而不同，需要考虑5G动态功耗和动态节能，当业务下降时，5G基站可以采用载波级、通道级以及时隙级的节能措施。

（三）开放系统

ORAN（open radio access network，开放无线接入网）联盟是以全球运营商为主推动的项目，旨在推动新一代无线接入网络的开放，使之比前几代无线接入网更加开放和智能化。ORAN联盟开发的参考设计关键是具有开放、标准化接口的相关虚拟化网络元素，来自开源和开放的白盒技术将成为这些参考设计的重要软件支撑。ORAN的目的是打破传统垂直厂商对无线接入网

（RAN）市场的垄断，进一步降低建网成本，提高运行效率。

毫无疑问，ORAN在业务提供以及策略调整方面具备灵活性，在小容量小范围覆盖场景上有优势，可以满足企业行业那样高定制化、希望自控以及快速推出业务的需求。同时必须清晰认识到，ORAN架构由于大量采用通用硬件和软件而会带来如下问题：覆盖、容量和功耗等无法赶上垂直一体化的专用RAN；性能全面平衡性（如容量、覆盖、组网和移动性）尚未完全验证；通用硬件导致功耗偏大；设备来自不同厂家导致运营商后期维护成本高，可能与ORAN的初衷南辕北辙。

另外，Wi-Fi 6以及后续Wi-Fi 7借鉴了LTE和NR资源管理方面的经验，在组网和客户体验上取得长足进步，这也会成为5G开放体系的重要组成部分。

总体来看，对于ORAN和Wi-Fi 6这样不断演进的开放技术体系，必须针对业务需求、频谱状况以及经营主体（运营商、企业）的需求做出最适宜的选择。

（四）展望

正如发动机、能源、化工、机械以及公路等要素资源完备促成了汽车的发展一样，5G时代，移动通信与大数据、人工智能、自动控制的不期而遇，将形成所谓广义5G或者5G+，5G的未知远远大于已知，5G将通过全社会不断努力创造价值。正如中国移动所展望的那样，“5G发展，网络是基础，融合是关键，合作是潮流，应用是根本”。

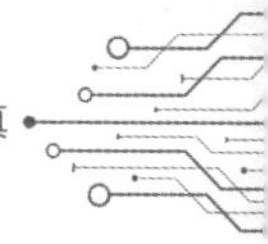

正如前面所言，5G不仅仅是通信技术，它更是一个重要的载体，将给人类生活和整个社会带来巨大的变化。我们不禁会好奇：当5G遇上制造、交通、医疗、家居，那该是一个怎样精彩的故事？

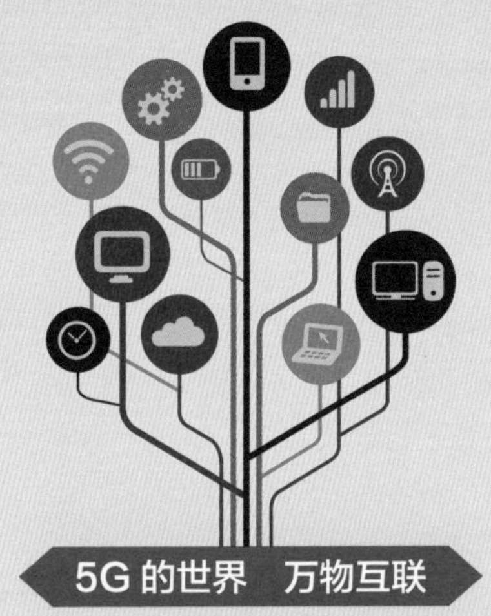
5G 的世界　万物互联

5G魔幻使能：社会巨变，插上飞翔翅膀

一、5G赋能社会的改变

如果说4G极大地改变了我们的生活方式，那么即将开启的5G时代，不仅为我们带来“高速率、广连接、低时延”的网络体验，还将为高清直播、虚拟现实、远程医疗、无人驾驶、人工智能、智慧城市等应用提供网络基础，推动整个社会进入“万物互联”的时代。5G时代是信息数字化时代，改变的不仅仅是人们的生活，而是整个人类社会。在5G时代，传统的工业强国不一定会继续强大，新兴的国家则有了更多的发展机遇。不难想象，随着5G商用的普及，未来人们的生活将如同科幻片所呈现的那样，处处体现着智能和便捷。

（一）5G赋能新时代创新力

随着5G技术的不断发展，全世界将逐步进入一个数据大爆炸的时代，这是一场革命性的变化，其中最关键的是系统网络架构将发生颠覆性的转变。与1G至4G技术所支持的人与人之间的通信不同，5G将为人与人、人与物、物与物之间的智能连接提供通信技术支撑。5G网络作为通信的基础，通过云化、虚拟化、互联网化和多种模式的结合，引领了网络技术的整体创新，开启互联网发展的新纪元。

随着5G正式商用的开启，人类社会将进入一个融合移动互联、人工智能、大数据等新技术的全新智能互联网时代。在基于5G的互联网系统中，由于移动互联能力突破了传统带宽的限

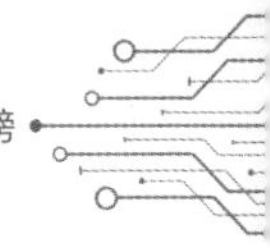

制，时延问题和大量终端接入能力得到根本解决，智能感应、大数据和人工智能的优势将充分发挥，新的业务模式、商业模式、服务模式将创造出很多新机会，这是未来拉动经济增长的重要力量。

利用5G移动通信网络可以真正实现新型应用场景的部署，如车联网、物联网和大数据中心，同时5G也可以在智慧医疗、智慧城市、智能家居、智能制造等新兴领域中得到充分应用和发展，从而全面提高社会信息化水平和经济活动能力。

与传统互联网相比，5G具有万物互联的特点。未来随着大量的智能硬件接入5G移动通信网络，设备的连接数量会从原来的几亿或十几亿增加到百亿，这必将带来万物互联的市场大爆发。

依托5G通信技术的发展，各行各业正在衍生出的新技术和新应用将成为促进社会经济发展的主要动力和方向。5G和实体经济深度的融合，将成为支撑传统产业转型、助力新兴产业打造核心竞争力的支点，对加快产业实现数字化、网络化、智能化转型和培育新应用、新模式、新业态将产生深远的影响。

（二）5G赋能智能新产业

4G技术给我们带来了高速移动互联网，催生了云计算、移动社交网络、移动多媒体等多项数据业务的大规模发展和普及。5G是未来各行各业数字化转型的关键，其中信息的传输速率和设备的连接数量将在现有的基础上呈现倍数级增长，传输时延也将大幅降低。同时，通信服务商利用5G可以为个人用户、企业和政府提供更加可靠的通信服务，信息产业和传统加工、制造行

业将面临一次脱胎换骨式的蜕变，新的产业格局也将随之诞生，如图3-1所示。与此同时，垂直行业应用的革新是5G技术价值实现的最终落脚点。

图3-1　5G的应用领域

1. 智能制造

在智能制造领域，5G的大力发展可以加速传统制造向智能化制造转型，其中关键的应用包括物联网、无线自动化控制、物流追溯和工业AR应用。物联网是连接人、机器和设备的关键技术，5G技术可以极大地推动物联网应用的落地，对推进工厂智能化转型起着决定性的作用。采用5G技术可以实现基于分布式网络的无线自动化控制，促进现代化工厂中对生产线的有效管理，扩大有效管理覆盖范围。5G技术的广覆盖、低功耗、大连接等特点可以应用于物流追溯，保证产品的生产全过程可跟踪，

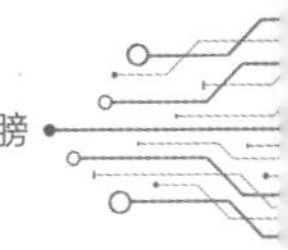

实现产品生命周期的自动化连接。在5G技术的支持下，工业AR可以更好地进行生产流程监控、任务分配及专家远程业务支持。

2. 智慧医疗

5G技术开启医疗发展新时代，对构建系统化、智能化、精细化的医疗卫生综合监管体系具有极为重要的作用。5G带来的技术变革将深刻影响整个医疗健康行业，提高医疗救治效率。远程手术、远程监护、远程救治等医疗场景在未来都可能成为现实。

3. 智慧交通

5G商用的到来将给车联网、自动驾驶技术带来更多的突破，为整个产业打开更多的想象空间。利用5G技术高速率、大容量、低时延、高可靠的优势，车联网不仅可以帮助车辆间进行位置、速度、行驶方向和行驶意图的沟通，还可以利用路边设施辅助车辆对环境进行感知。5G和车联网技术是实现自动驾驶所必需的技术保障，不仅可以提高自动驾驶车辆的环境感知能力，还可以实现车辆间无线连接，让多个车辆进行协作式决策，进而合理规划行动方案，促进车辆安全自动驾驶的发展。

4. 智能家居

5G技术所具备的优势，能够为家庭物联网市场的发展注入新的强劲动力。将基于5G的物联网技术应用在智能家居领域，不仅能大幅缩短家居间互联响应时间，提升用户感知速度，还能降低系统业务传输资源占比，降低运行成本。将5G技术与智能家居结合，符合当今消费者对家居环境智能化、节能环保、健康舒适的需求，也加速了智能家居时代的到来。

5. 游戏

5G网络提供了高速率、低时延的数据服务，高达Gb/s的带宽不仅能满足全高清（FHD，full high definition）分辨率游戏的传输，甚至在手机端即可实现4K甚至8K级别的游戏画面，个位数的毫秒级时延足够让任何设备在瞬间与服务器端完成交互。基于高速率，5G促进AR和VR的更快发展，促使云游戏的兴起。我们也能预想出更多的游戏方式，如千人混战的游戏场景、实时AR游戏以及超高清无线VR传输等，未来这些都能真正来到我们身边。在5G时代，游戏行业无疑会迎来新的革命浪潮，云游戏、多人超高清游戏等都将成为现实。

6. 智慧金融

5G时代，将实现从金融科技到智慧金融的转变。智慧金融不仅仅是横向简单地叠加产品，而是提供更加差异化的金融服务，以客户视角打磨产品。一个数字化、智能化的银行3.0时代正在到来，它将彻底改变银行的服务模式、营销模式、风控模式以及运营模式，拓展银行的服务边界，最终改变银行的业务增长曲线。

5G战略的顺利实施不仅可以提升一个国家的通信能力，而且给整个数字化产业带来前所未有的发展机遇。以5G建设为契机，国内相关产业的发展可以带动上游电子信息制造、下游数字化垂直行业应用以及AI、大数据、云计算等科技软实力的提升，并成为推动国家经济增长的又一动力源泉。

二、5G助力垂直行业的进化

（一）助力提升制造业的生产效率

从21世纪开始，我们已经逐步走向智能化时代，其中以互联网、大数据、云计算、物联网等为代表的新技术崛起，5G与生产制造过程中的每个环节深度融合，为制造业转型升级带来历史性的发展机遇。5G具有媲美光纤的传输速度、万物互联的泛在连接和接近工业总线的实时能力，其飞速发展正好契合了传统制造业智能化转型对无线网络的应用需求，并已经逐步渗透进工业领域，将引发一系列融合创新应用与变革，而传统制造业也将再次迎来新的升级方向——智能制造。

1. 智能制造

制造业在国家层面乃至整个人类社会扮演着至关重要的角色。在很多国家推出的产业升级计划中，制造业都被列为重点升级对象。全球主要国家针对制造业的智能化发展进行了较为长远的规划和部署，如我国的“中国制造2025”、德国的“工业4.0平台”、美国的“工业互联网计划”等，智能制造俨然已成为国家级战略课题和全球化课题。

广义的智能制造的定义为：基于新一代信息技术，贯穿设计、生产、管理、服务等制造活动中各个环节，具有信息感知获取、智能判断决策、自动执行等功能的先进制造过程及系统与模式的总称。相较于传统制造，智能制造的优势可以大致归纳为5

个方面：①具有敏锐的自律能力，通过感知和理解环境和自身信息，再在分析判断后有针对性地规划系统自身行为。②人机一体化特征明显，深度融合人的智能和机器智能，突出人在智能制造系统中的核心地位，在智能机器辅助下更好地发挥出人的潜力。③大量利用虚拟现实技术，融合计算机与信号处理、动画技能和仿真多媒体等技术，借助多种图像声音传感器，模拟产品的制造环节和最终成品状态。④具有自组织性和超融性，智能制造中各组成单元可以按照生产任务的需求进行自组，同时组成单元在其运行方式和结构形式上具有一定的融合能力。⑤学习能力和自我恢复能力强大，利用深度介入的人工智能，智能制造系统可以在生产实践中不断自我学习，并将学习到的“知识”运用到生产过程中，同时根据实践结果反馈不断更新“知识”，具备对出现的问题进行自我诊断、故障排除和功能恢复的能力。

通过自组织的柔性制造系统，智能制造可以实现高效、个性化的生产目标。它的载体是智能工厂，核心为关键制造环节的智能化，基础是端到端数据流，支撑为信息通信网络。不难看出，信息通信系统在智能制造中占有关键性地位。智能制造过程中云平台和生产设备的实时通信，大量传感器在不同网络环境下与人工智能平台、人机界面之间实时高效的信息交互需要引入一种高可靠的无线通信技术。而5G正好提供了这种可能，它也必然会成为推动智能制造发展的关键技术。

2. 5G助力智能制造的发展

（1）工业AR/VR技术。未来的智能制造过程仍然以人为主导，发挥人的重要作用。但未来的智能化工厂将具备高度的灵活

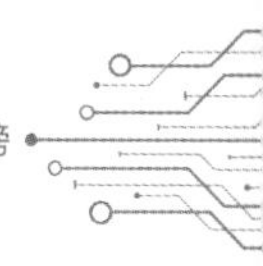

性和多功能性，这将对工厂的员工提出更高的要求。为了更好地适应智能化进程，AR/VR将在提高产品质量和生产效率方面发挥不可替代的作用，如图3-2所示。

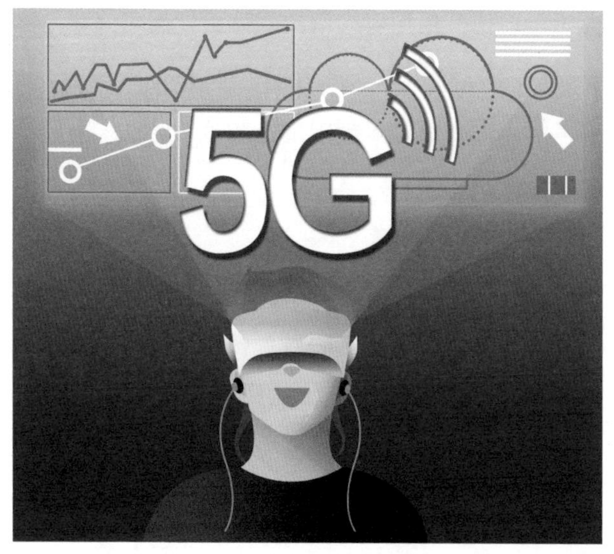

图3-2　VR在生产过程中发挥作用

在智能制造过程中，AR设备可以用于监控生产流程、生产任务分布指导、远程专家技术支持以及远程设备维护；而VR技术则可以模拟整个生产过程，进行产品制造前的虚拟评估，从而尽早发现产品可能出现的问题，提高制造效率，降低制造成本。在实际工业制造中，AR/VR设备通常需要兼备灵活性和轻便性，因此AR/VR设备的信息处理放在云端进行，通过无线方式与AR/VR设备实现信息传输。同时，AR/VR设备还可以通过网络获取其他必要的信息，如生产环境数据、生产设备数据，以及故障处理指导信息等。

目前的4G LTE网络无法提供AR/VR设备需要的高分辨率、高码率全景视频的上传/下载速率，也无法满足AR/VR设备对低时延的要求。而5G提供的高速率则可以全面支持高清图像和视频传输，将全面提升使用者的沉浸式体验；同时分布更广、覆盖面更密集的5G基站可以大大降低AR/VR设备在系统中的传输时延，从而减轻人们在使用过程中产生的眩晕感，给人们带来最佳的观看体验。

（2）工业无线自动化控制。工业无线自动化控制是制造工厂中最基础的生产模式，其核心是闭环控制系统。在系统控制周期内，每个传感器将进行持续测量，并将测量后的数据反馈给控制器以调整执行器的设置。典型的闭环控制过程周期低至毫秒级，因此系统的信息传输周期也需要达到毫秒级才能保证闭环控制系统的有效性和精确性，从而避免时延导致控制信息发生错误所造成的巨大损失。

在未来智能制造系统中，为了保证更加精细化、自动化的操作，传感器的数量将极其庞大，这对系统的可连接性和数据传输时延都带来了一定的挑战。采用融合多种新技术的5G端到端网络切片技术，根据不同的需求将网络资源进行动态分配，创建对应的网络切片，优化所需的网络特性，提供低时延、高可靠以及海量连接网络，使得通过无线网络实现闭环控制成为可能。

（3）工业云化机器人。在智能制造过程中，机器人的应用将会变得更加智能化和多样化，这需要机器人具有自组协同能力来满足柔性生产的要求，因此云化机器人应运而生。与传统机器人相比，云化机器人通过网络连接到云端，运用计算机平台、大数据以及人工智能对制造生产过程进行精确计算和优化控制，使得高性能计算系统与机器人服务之间实现高效的协同工作，如图3-3所示。这样一来，机器人的成本和能耗将大大降低。

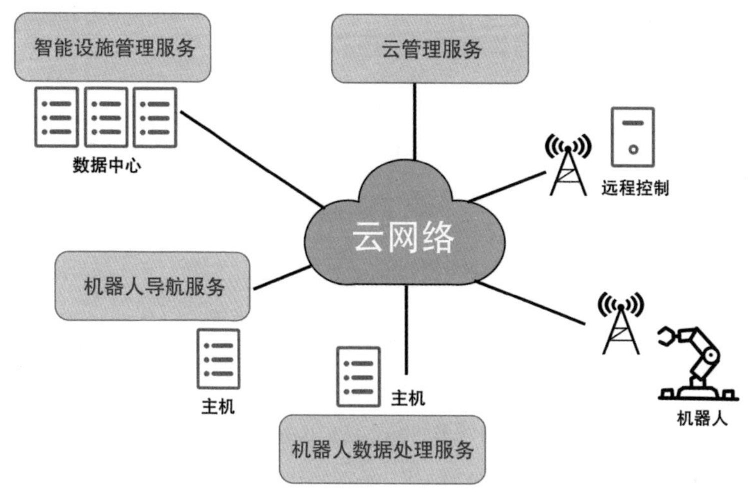

图3-3　基于5G的云化机器人运行框架图

在机器人云化升级进程中，低时延和高可靠的无线通信网络将是关键一环。基于5G的切片网络可以为云化机器人在智能制造中提供高效的端到端网络支撑，实现低至1ms的时延，支持99.999%的高可靠连接，满足了云化机器人对时延和可靠性的需求，为云化机器人的应用提供了有效的技术支持。

3. 总结与展望

5G时代下的智能互联网全面爆发为传统制造业提供了新的机遇，利用5G通信技术低时延、高可靠的特点，将工业AR/VR技术、工业无线自动化控制、工业云化机器人应用于工业，大大

促进了智能制造的发展。到了5G时代，无人车间将成为制造商的常规生产模式，智能工厂将渐渐取代廉价劳动力。5G时代的“工业4.0”，毫无疑问又是一场翻天覆地的工业革命。

（二）助力健康医疗行业的发展

1. 传统医疗的困局

随着科技的不断进步，我国人民对于生活质量的改善需求不断增加，对于医疗的需求也在不断增大，这使得我国的医疗机构有些应接不暇。加上医疗资源主要分布于大城市，看病难的问题愈发凸显。看病难的核心问题是供需矛盾，我国医疗卫生资源总量不足、结构不合理是不得不面对的现实。看病难也不是一概而论的，“难”主要体现在到北京、上海、广州等大城市的大型三甲医院包括知名大学的附属医院看病难。医疗资源不足、不均衡，致使在大医院挂号等待时间较长，专家号更是一号难求，但“黄牛党”却借此牟利，所以一场医疗改革势在必行（图3–4）。

图3–4　医院挂号乱象

目前我国医疗资源总量不足、分布失衡，医护人员缺口大，卫生发展落后于经济发展。我国的医疗资源绝大多数集中在城市，而城市的医疗资源又主要集中在大医院。如图3-5所示，我国无级别医院数量最多，但就诊人数远远比不上数量最少的三级医院；城市中心区域医院的医疗资源被小病、常见病患者牢牢占据，这类医院人满为患，这也是“看病难、看病贵”及等候时间长的主要原因。

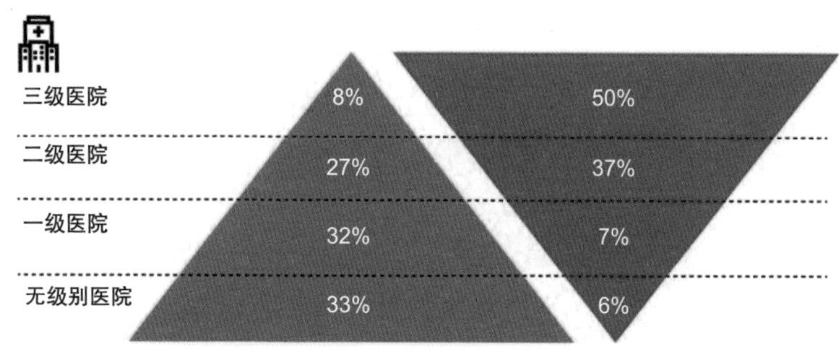

图3-5　各类医院数量占比和医院门诊次数占比

2. 5G助力医疗行业的变化

5G技术的特点是高速率、低时延、广连接，因此成了各大行业的应用热点。我们可以想象，在5G融入医疗行业以后，互联网与医疗的结合，使得一场医疗行业的革命风暴即将来临。

（1）足不出户完成诊疗。5G技术将推动互联网智慧医疗的快速发展，使得患者可以在家中通过网络查找的方式找到各种专家所提供的医疗资源，可以根据自身的症状寻找合适自己病情的医生，并通过人工智能平台引导就诊，具体流程如图3-6所示。

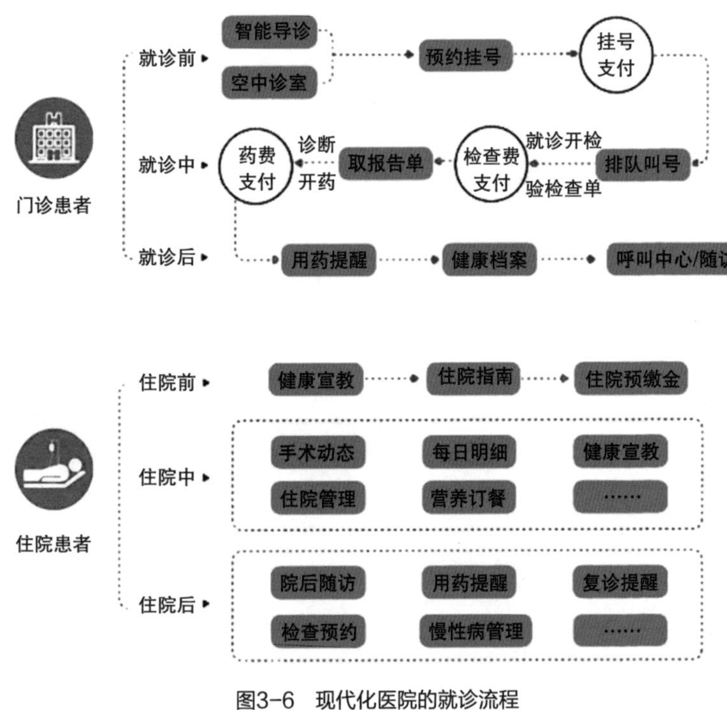

图3-6 现代化医院的就诊流程

（2）就诊效率大大提高。5G技术将进一步提升医疗服务的效率，强化患者和医院的信息联系。通过人脸识别技术，患者可以快捷完成挂号等就诊前步骤，免去排队的烦琐。凭借5G的高速传输，医务人员在诊疗患者前就可以掌握患者生命体征数据、影像检查结果、健康档案等相关资料，大幅减少就诊时间。通过远程诊疗甚至手术，可以提升对优质医疗资源的利用率，同时也为更多病患提供急需的医疗服务。

3. 发展5G医疗仍需努力

尽管5G医疗已经开始造福百姓，但在其推广方面依然有诸多限制。

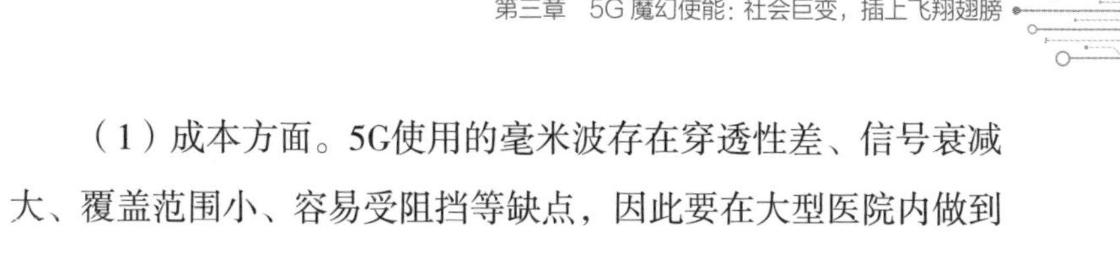

（1）成本方面。5G使用的毫米波存在穿透性差、信号衰减大、覆盖范围小、容易受阻挡等缺点，因此要在大型医院内做到5G信号全覆盖，往往需要建设数千个室内基站，花费在十亿元以上，这还不包括室外的信号基站建设。而在那些通信基础设施较差的偏远地区，这项费用还要加倍。“天价建设费”是5G医疗推广和发展的首要拦路虎。

（2）法律方面。5G医疗还将产生许多的法律问题，例如，远程手术中一旦出现医疗事故，责任的划分机制尚不明确，国家卫健委也提醒远程手术存在一定风险，“要基于目前的网络技术和医学科学规律进行科学审慎的探索”。

（3）其他方面。发展5G医疗还有一些问题待解决，诸如5G医疗健康标准体系尚未建立健全；终端设备接入方式、数据格式没有统一标准；庞大的数据资料存在安全风险等。5G医疗的发展依然任重道远。

（三）助力城市交通的智能化演进

1. 智慧交通发展的必要性

改革开放至今，我国的交通业飞速发展，这一切都离不开政府在交通方面极大的投入。勤劳的中国人民用自己的双手使我国的基础建设技术傲立于世界之巅。青藏铁路、港珠澳大桥、北京大兴国际机场等超高难度的工程都被我们一一攻克，我们就是世界上的“基建超人”。

近年来，随着我国城市化进程的推进和机动车数量的快速增长，城市道路交通量不断增加，各种交通问题凸现：交通拥堵

成为影响大城市居民出行的首要问题，交通事故数量呈上升趋势，机动车尾气污染成为城市大气污染的主要来源。这些交通问题给经济发展造成了巨大的压力。发展智慧交通可保障交通安全、缓解拥堵难题、减少交通事故。据分析，智慧交通可使车辆安全事故率降低20%以上；使每年由交通事故造成的死亡人数下降30%～70%；使交通堵塞率减少约60%；使短途运输效率提高近70%；使现有道路网的通行能力提高2～3倍。此外，发展智慧交通可提高车辆及道路的运营效率，促进节能减排。车辆在智慧交通体系内行驶，停车次数可以减少30%，行车时间可以减少13%～45%，车辆的使用效率能够提高50%以上，由此带来燃料消耗量和废气排出量的减少。据分析，汽车油耗也可由此降低15%。中国发展智慧交通已经成为必然，并且十分紧迫。

2. 5G对智慧交通发展的影响

因为5G技术的不断发展，未来将进入“人-车-路-网-云”五维协同发展的车联网时代（图3-7），这将给交通带来十分深远的影响。

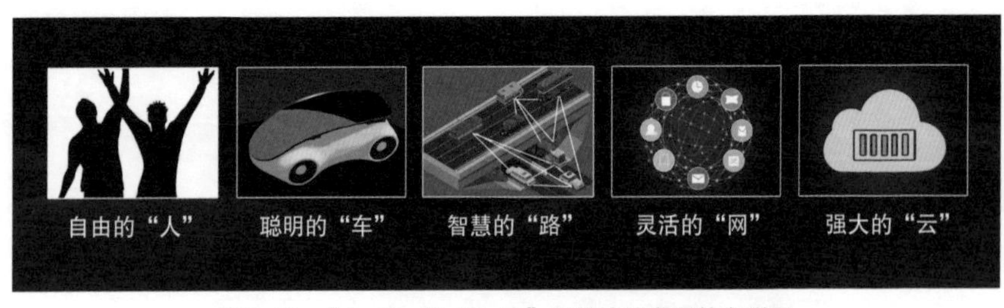

图3-7　“人-车-路-网-云”五维协同发展的车联网

（1）交通信息更全面。物联网的快速发展，将会实现交通、传媒、天气等多系统以及车辆、交通杆、路灯、行人穿戴设

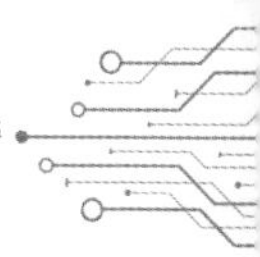

备的自动互联，使得交通信息的来源更广泛，人们出行所选择的车辆类型、油耗、行驶路线、沿途的天气、空气质量、路口及交通信号灯的数量等相关信息一应俱全。

（2）交通信息更及时。信息技术的发展和传输技术的革新，促使交通信息的传递变得更为快捷。车辆在行驶过程中，除了能自动检测周边环境并及时做出应对以实现安全驾驶外，还能及时接收到前方10km和后方1km之内的交通拥堵信息、相关区间内车辆的平均行驶速度、前方下一个路口绿灯的读秒时间，使得车辆可以及时根据路况选择相应的驾驶方式和行驶速度，匹配当前环境的交通状况。

（3）交通选择更智能。AI和大数据技术的成熟应用，加上强大的智慧交通管理平台，使得系统更熟悉每一个人的出行行为和偏好，方便自动为用户规划出行计划。同时系统可以根据行程转换节点周边交通状况提供多种可供选择的交通方案。如人们初次到达一个城市，在下飞机后就可以收到系统根据当前交通状况所推荐的不同交通方案（如出租车、地铁、自驾）和相应路线及耗时成本，方便人们自主选择，实现低碳出行、绿色生活和可持续发展。

（4）交通管理决策更科学。交通设施的全联网和交通信息的全汇集，使得交通信息数据更全面。通过对交通信息数据的深入分析和建模，交通调度和交通规划将更为科学。小到路段拥堵的疏解、红绿灯信号时长的优化，大到公交路线的调整、交通干道的新建，均可利用交通大数据进行模拟分析。更可对突发事件、重大庆典活动等进行交通人流实时监控，推演交通人流变

化，提前做好应急管控。

3. 未来的展望

我们来设想一下，未来某天清晨你被智能音箱唤醒，智能音箱告诉你今天天气晴朗宜出行踏青，然后你在刷牙的时候，面前的镜子罗列了几个周边适合郊游的目的地，当你选好目的地之后，镜子自动把目的地信息发送到车载导航系统，然后车载导航系统进行一系列的精确估算，再通过智能音箱告诉你哪个时间段出门、走哪条路最方便快捷。是不是想想都觉得很酷？其实这还只是出行信息查询和规划的一方面，相信很多智能交通方式会随着5G技术的应用而越来越普及。

（四）助力家居生活的智能化进程

1. 智能家居的现状

随着家居智能化在世界范围内的日渐普及，人们越来越深刻感受到其为生活带来的各种便利，智能家居的出现更是从根本上提升了家居生活的质量。智能家居以人们的住宅为主要载体，利用网络通信技术和自动控制技术，将与家居生活相关的通信设备、家用电器和家庭安防装置连接到一个智能系统上。该系统可以实现集中或远程监视和控制，形成高效的住宅设施与家庭日程事务管理系统，保持这些家庭设施与住宅环境的协调，提升家居安全性、便利性、舒适性及艺术性。

2. 5G助力智能家居跨越式发展

在5G智能家居时代，5G移动宽带入户成为可能，可替代常规固网宽带光纤接入，进行全屋无线网络覆盖，为家庭用户带来

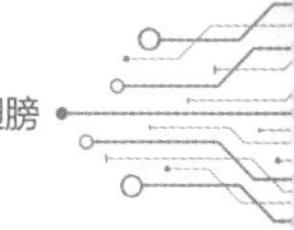

更方便的信息获取方式。同时，5G高速率、低时延的特性可以带来更流畅的连接和使用体验。

（1）5G与超高清电视的融合。人们总是在追求更高品质的视频和音频体验以获取更好的沉浸感。近年来平板电视尺寸越来越大，其需要匹配更高的显示分辨率，同时市场需要画面更清晰细腻、更逼真和临场感更强的平板电视，于是显示分辨率为7 680像素×3 840像素的8K超高清电视开始起步。8K超高清电视显示分辨率达到33.178百万像素，帧率为30f/s（frame per second，帧/秒）的入门级8K视频未压缩码率达30Gb/s，即使采用目前最先进的编码压缩技术H.265或AVS2，入门级8K视频传输码率也只达到100Mb/s，因此要求极强的网络传输能力。5G网络的超大带宽和超低时延优势，将为未来8K视频传输提供有效的技术保障，可以说5G时代的高流速及大流量将推进更高质量的超高清视频发展。

5G 8K智能电视将是5G与8K超高清电视融合的产物，它是一台8K电视，融合集成5G功能，如图3-8所示。它的峰值带宽在1Gb/s以上，甚至可达10Gb/s，可实现8K视频的极速下载，下载一部150GB的8K电影仅需60s，8K视频直播的收看也不再是问题，在家观看球赛可能会获得比在现场观看球赛更好的体验；它支持海量IoT设备接入，每平方米IoT互联设备可达万台，且支持IoT设备超低时延交互，时延仅约10ms甚至1ms，可实现具有良好体验性能的家居智慧互联。

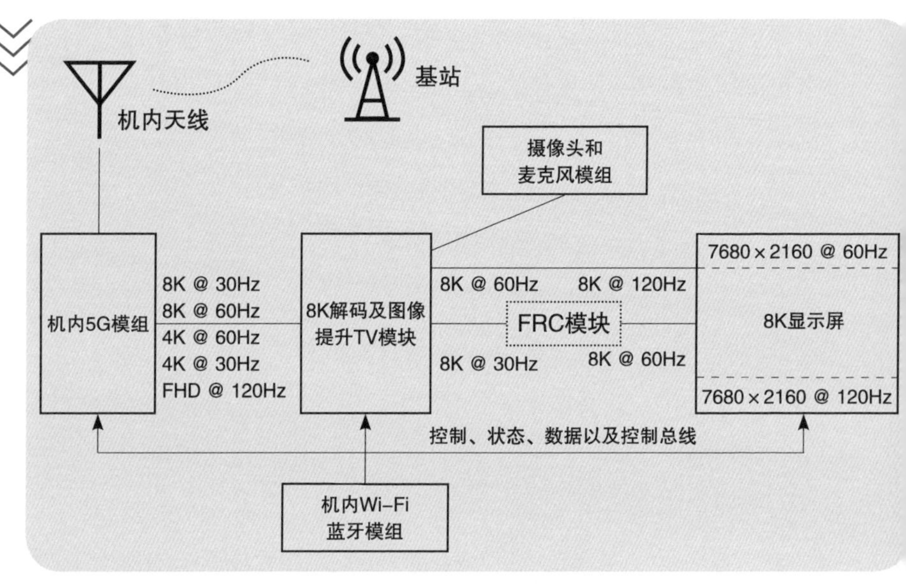

注：FRC，frame rate converter，帧率交换

图3-8　5G 8K智能电视架构图

（2）5G与家庭安防的融合。随着物联网技术的快速发展，家中的安防设备由最初的单设备单方面零星监测发展为多设备全方面系统化监测。由多种传感器和自动监测设备组成的一套完整的家庭安防系统，其监测准确度和效率将得到大幅度提升。但在4G时代，家庭安防系统大多数停留在被动监测阶段，需要人为干预。当系统监测到异常情况后，整个系统不能自主化响应，需要有人去查看并进行相关处理，以使系统恢复正常，4G时代的家庭安防系统更像一个自动化系统而不是人工智能管家。随着5G时代来临，物联网和AI技术将得到更快的发展，家庭安防必将迈入主动监测时代，人工智能管家的梦想将逐步实现。未来的安防系统可以做到根据用户的习惯进行自主监测和布防，满足个

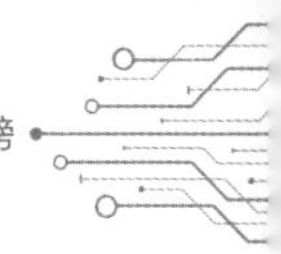

性化需求；当遇到问题时，可以自动处理，整个过程不需要人工介入，安防效率大大提高。

在5G时代，对于数据的处理，家庭安防系统并不是将所有的数据都上传和存储在云端，而是采取将云端计算和本地边缘计算相结合的方式，这不仅节省了时间，还提高了信息安全，可以有效防止个人信息泄露、家庭安防系统被非法入侵。通过在设备端直接插入一张5G卡实现5G和云端的直连，这样就避免了Wi-Fi网络环境对信息传输的影响，使得家庭安防系统的数据传输速度更快，传输更稳定，用户体验也会随之达到一个更高的层次。

（3）5G与家庭网络设备的融合。5G的诞生无疑为家庭网络设备解决全地域覆盖带来了新的机遇，因为5G最高下行速率已经与光纤相当，根据ITU对5G关键能力要求的定义，5G用户体验速率达100Mb/s~1Gb/s，相比4G有了10~100倍的提升。另外5G的连接密度达100万台/km^2，相比4G有了10倍的提升，设备的单台成本大幅降低。5G与家庭网络连接的设备又称5G CPE，是一种将高速5G信号转换成以太网和Wi-Fi信号的设备。

用5G CPE作为家庭网络设备来完成家庭接入互联网，主要有室内组网和室外接力组网2种方式。在室内组网方式中（图3-9），5G CPE放置在每个家庭内部，5G CPE直接与5G基站相连，这种组网方式适用于家庭住宅比较密集的场景。在室外接力组网方式中（图3-10），负责接力的5G CPE需要放置到室外，除了完成该5G CPE附近的家庭用户接入以外，还需要实现5G信号接力功能。该方式适用于住宅与5G基站之间的距离比较远（通常在5km以上）的场景。

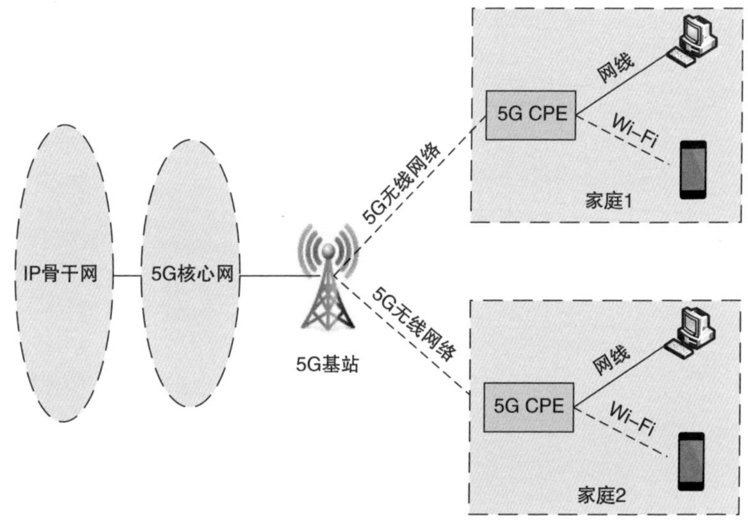

图3-9　CPE室内组网图

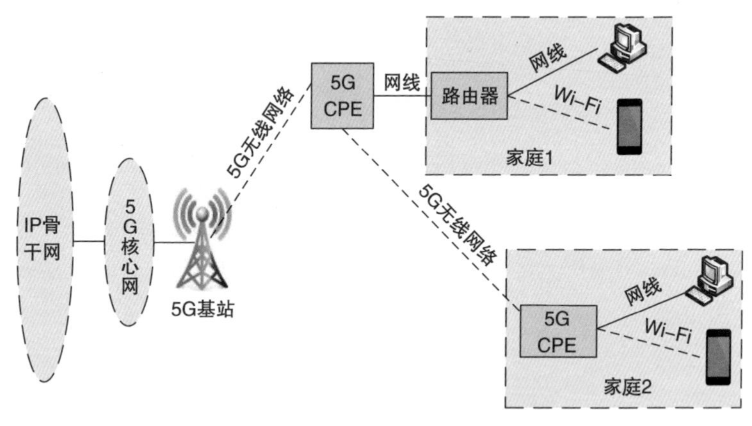

图3-10　CPE室外接力组网图

3. 总结与展望

相较于传统智能家居的零散化，5G时代下的智能家居具有系统化、全覆盖的特点。利用5G特有的低时延、迅速缓冲、低

功耗连接的特性，5G 8K智能电视将为用户带来更高清的视频画面、更丰富的视频细节，同时可以实现海量终端连接；家庭安防系统各个部件之间的相互通信更加迅速、精准，从而大大提高安防系统的智能化、可靠性；5G CPE的出现将重新定义组网方式，人们可以用更低的成本获得更好的网络传输体验。5G时代下的家居生活智能化将更接近自动化的智能管家，不需要任何的人为干预就可以根据人们的生活习惯和实际环境提供服务，为人们带来更加美好的生活。

（五）助力媒体游戏行业的创新

1. 5G将会为游戏带来什么

随着5G网络的普及，5G为游戏带来的会是更高的上传与下载速率以及更短的服务器响应时间，即时延大大降低。在此我们可以展望，未来的游戏产业将因为5G的加入而变得更加精致：更低的时延，游戏体验将更加流畅；更高的上传与下载速率，游戏的帧数、画面、特效都将得到极大的改善。基于高速的传输速率，未来将不用把游戏下载到本地，而是将其放置于云端服务器运行。这样就省去了将游戏文件安装在本地的过程，极大地节省了计算机的存储空间以及游戏运行的时间。

2. 当今游戏的变化趋势

自人类进入信息时代以来，互联网技术正在呈跳跃式的发展，随之衍生的游戏产业也是如此。10年前，以《魔兽世界》为首的MMORPG（massive multi-player online role-playing game，大型多人在线角色扮演游戏）风靡全球，得到无数玩家的青睐。而

在10年后的今天，则是MOBA（multi-player online battle arena，多人在线战术竞技游戏）以及FPS（first-person shooting game，第一人称射击类游戏）统治了游戏市场。是什么原因导致了这一变化呢？这就需要从游戏类型这一点说起。

MMORPG偏向于花费时间去养成一个属于自己的角色，让玩家在伴随自己的角色成长的过程中不断获得满足感以及乐趣。但是，这样的游戏有多个几乎无法解决的问题。首先是对新玩家极度不友好，由于从新玩家到老玩家需要一个很长的过程，如果你没有游戏中的好友，一个人就很难在游戏里生存下去。而在现在的游戏环境下，很少会有人愿意花费大量的时间教导一个不认识的人。很多新玩家在这样一个前期摸索的过程中就放弃了。所以也就造成了一个问题：在游戏的中后期，无法吸引“新鲜血液”加入，而老玩家们则会在这个时期大量流失。

为什么MOBA以及FPS能够后来居上？在MMORPG时代，网络的传输速度、普及度和计算机的硬件条件都在一定程度上限制了游戏行业的发展。而在这些技术问题得到解决后，游戏行业也得到了跨越性的发展。这两类游戏的共同点在于每一局游戏都是一个新的开始，不用纠结于过去，对新玩家比较友好，上手的难度较低。而且每一局游戏时间不长，人们可以利用工作或者学习之余的时间放松自己的精神。相对于MMORPG，MOBA和FPS的观赏性也更高，对于玩家临场操作能力也有更高的要求。比起看重团队合作的MMORPG，MOBA与FPS更加看重个人实力，现在的直播产业如此发达，也成就了这两类游戏的火爆。这也证明了游戏正在变得更加“快餐化”，即耗时少，需要条件低，随时随

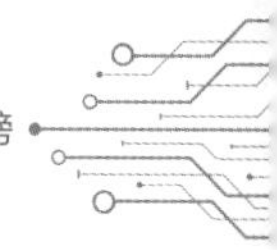

地都可进行。

3. 游戏设备的改变

过去，计算机几乎是进行游戏的唯一设备。而如今，各种各样的游戏设备层出不穷，不再局限于计算机。而手机正在成为关键的游戏设备之一。5G网络的到来，想必也将为手机游戏产业带来质的飞跃，就像曾经互联网技术的发展为电脑游戏带来变化一样。曾经大部分的手机游戏，都类似于卡牌收集养成，通过积累物资进行抽奖而获取想要的角色，这类物资可以通过充值快速获得，这也是这部分手机游戏的主要盈利手段。如今手机游戏也正在向即时化和复杂化方向发展。以《王者荣耀》和《绝地求生：刺激战场》为例，这都是MOBA以及FPS进军手机端成功的尝试。相比于PC端，它们进一步降低了操作的要求，变得更加简化，每一局游戏耗费的时间也更短，更加适应如今这个快节奏的社会。在地铁站、公交站甚至路边，经常都能看见拿着手机进行游戏的玩家。

4. 总结与展望

如今的游戏产业是个朝气蓬勃迅速发展的新兴产业，它带动了许多其他产业，如电竞、直播的共同发展。而5G时代的到来，就如同往火焰上加上一捧干燥的薪柴，能够使游戏更加精致，加强游戏的多样化以及可玩性。如今的游戏市场已经趋近饱和，5G的到来将会是打破这一平衡的关键。游戏厂商需要紧随时代的潮流，与时俱进。这将会是一场在游戏行业内进行的革命。

（六）助力公用事业的服务效率

5G对于提升公用事业的服务效率有非常积极的意义，特别

是在智慧城市的建设方面。一方面，5G在4G基础上进一步提升了网络传输的效率；另一方面，5G大容量的特性能够让更多的设备接入智慧城市的网络中，从而扩展智慧城市的功能边界，提高公用事业服务效率。

5G之所以受到广泛的关注，并不仅仅是因为5G的速度更快。实际上对于智能手机来说，4G的速度已经能够满足大部分消费场景的需求，5G主要实现的是让更多的物联网设备接入5G网络中，从而构建一个庞大的万物互联的物联网。同时，5G技术低时延、大容量、高速率的特点将使得物联网快速发展，从而极大提升智慧城市中的各项公用事业的服务效率。

1. 5G助力智能电网

凭借5G的特有优势，运营商可以真正做到对电网的实时监控和实时控制。从国家电网的角度来看，电网其实由两张网络构成，一张是我们接触到的传统意义上的电网，另一张是为了保证电网可靠运行，为其提供数据支持的信息通信网。在智能电网时代，信息通信网的作用将日益显著。

（1）首先，由于新能源发电呈现碎片化、季节性波动、时区波动等诸多特征，电网压力越来越大，无论是新能源并网，还是输送电、退网，都对现代电网调控能力提出了毫秒级响应的要求。未来电网中将会有越来越多的用户需求，例如家庭用电消费者享受的分时电价、电动汽车充放电设备消费者享受的电动汽车即时充电等，都离不开电网高速率、低时延的支持。而正是5G的这些特点，将使得基于5G的电网给人们的生活和生产带来更稳定、快捷的服务。

图3-11　5G网络切片使能智能电网

（2）另外，智能电网是5G技术在智慧城市部署中典型代表应用之一（图3-11）。《5G助力智能电网应用白皮书》指出，5G技术可以促使以往的作业模式进行更新，打造定制化的“行业专网”服务。同时，5G技术的应用促使智慧城市电网呈现信息流、电力流高度融合的特点，不仅有利于高效地检测能源消耗，还有利于提高能源运输和使用效率，符合智慧城市建设与发展的需求，对实现电网与用户的双向互动具有重要意义。例如，美国查特怒加市通过安装智能电网，在严重风暴时期，大幅度降低了停电的概率，其降低的停电概率在50%左右。可见，在智慧城市部署中，借助5G技术进行智能电网的建设十分必要，可以提高城市居民生活质量，促进城市良好发展。

2. 5G助力电梯维保和救援

（1）5G技术也将为电梯的智能化维护及救援提供很好的技术支撑。如5G终端在电梯监测控制以及监管设备中的使用，会使得整个电梯的管控和监测发生巨大的变革。大量5G终端的使用不仅可以提高电梯在线监测数据传输的可靠性，而且可实现低功耗运行，这将对整个行业的安全与节能运行做出不可估量的贡献。

（2）通过智能终端与电梯生产、使用、维保等单位开展实时通信，实时指导电梯安全运行监控、应急救援工作。这样一来，监控中心就可以真正实现一个中心指挥、“零”时延信息传达；部门间实时联动，统一指令，统一救援，统一调查，统一分析，从而形成全覆盖的特种设备应急救援机制。

（3）在电梯检验检测中融入5G技术，将使得电梯的远程在线辅助检验成为可能。如果检验人员对现场特殊事件有疑问或者不确定，可利用终端求助后台大数据库或者权威专家，数据的传输速度将达到1Gb/s以上，可以进行流畅的视频语音沟通。因此，电梯维保工作人员在遇到技术难题的时候能在线求助并一次解决，避免多次折返，可极大提升维保效率。

（4）基于5G技术的智能终端和故障预警分析系统将提高电梯运行的安全性与可靠性。在5G技术的支撑下，检验规则要求的应急报警电话装置将直接升级为影音视频的实时沟通，发生紧急情况时，方便对乘客进行实时救援指导和心理疏导等，提升乘客在紧急情况下的安全感。此外，由于5G基站多为小基站，覆盖密度大，电梯轿厢内的手机移动信号能够全面覆盖，让人们在

轿厢内保持电话通畅，增加了乘客的体验感和安全感。

3. 5G助力消防救援

消防救援队伍是各级政府防范应对各类灾害事故的主力军，面对复杂多变、分秒必争的任务，依托高效可靠的移动通信技术建设现代化的消防应急通信保障和指挥调度体系极为重要。5G通信技术的落地和推广，将对消防信息通信发展产生巨大的推动作用。

（1）5G信号的高速率传播特性可以使单兵的防护装备实现数字化。将智能穿戴设备采集的现场作战人员的生命体征信息，周围环境信息，以及移动速度、所在位置等运动信息，通过高速网络传输到现场指挥部，帮助指挥人员了解现场区域每名作战人员的位置、作战状态，合理调配人员，及时下达指令，最大限度避免人员伤亡。

（2）5G技术的大容量特性可以允许系统接入多个终端。利用各类传感器、红外拍摄等采集现场数据，对各类数据进行数字化处理和分析研判，实时监测现场环境参数，包括有毒气体监测、火灾蔓延趋势监测、建筑物结构监测、疏散人员的感知等，可大大提升现场指挥信息传递、灾情研判、态势分析等方面的能力。

（3）5G的低时延特性可以使作战指令更高效。基于毫米波5G通信的频谱宽带是4G的10倍，时延可精确到毫秒级，可以满足双向远程指挥指令所需要的传输速率和带宽。

（4）5G通信连接高可靠性可实现人员与装备的高速可靠连接，进而掌握机器人、无人车、无人机、无人船等远程装备的实

时操控权，充分保障指战员的人身安全。

4. 总结与展望

5G技术将是建设智慧城市、提高公用事业服务效率的技术利器。在智慧城市建设中融入5G技术，可以实现智慧交通建设、智能电梯维保，还可以助力消防事业。我们可以看到，5G时代的到来将更好地促进城市设施发展，提升公共事业的稳定性和便捷性，推动智慧城市的良好发展。

（七）助力金融行业服务质量的提升

金融行业模式与通信网络的迭代升级密切相关。回顾金融行业的发展阶段，2G时代以线下实体网点为主实现金融服务；3G时代开展了线上网页招揽业务；4G时代则出现了以App（application，手机软件）形式触达用户并提供综合性服务的业务；5G时代的到来，将进一步为金融行业注入生机，并伴随着人工智能等技术的落地，实现金融业务模式的再次升级。

1. 数字化银行：5G时代触手可及

随着5G应用落地，未来金融行业给客户提供的金融业务体验将大幅提升。特别在5G通信超高速率和极低时延特性的支持下，客户进行支付和交易的效率将得到显著提升。

首先是智慧网点的建设。智慧网点将突破传统银行分区的概念，通过综合运用人工智能、生物识别、物联网、全息投影、AR/VR、大数据等新兴科技技术，可以为用户建立一整套服务无界、体验无限的客户服务。

其次是支付模式。5G时代，AR/VR将不再受带宽和时延的限制，数据传输、存储和计算功能可从本地转移到云端，从而提供更丰富的决策数据辅助，实现更真实的场景体验。同时，与生物识别技术相结合的支付模式，如现在已经实现的刷脸支付（图3–12），会更加便捷和多元，未来将会出现微表情支付、脑电波支付、虹膜支付、声纹支付等多种新形态。客户将不需要带现金也不需要带手机就可以完成消费，从而在金融领域获得新的支付体验。

图3–12　刷脸支付

最后是智能风控系统。利用"5G+物联网"，将银行信息触角从单一企业延伸到整个产业链，实现产业链上游、下游及合作企业的数据信息整合，从而构建银企互信共赢局面，降低由于信息不对称带来的信用风险。

2. 管家式的金融服务

5G时代将为居民提供更为便捷的一站式、"管家式"的支付与消费体验。

在银行业务上，传统业务如支付、授信等将与各个行业深度融合、跨界互联，充分拓展新渠道、新形式，包括5G智能手机、可穿戴设备、虚拟现实装备等，使其成为银行供应链上的一个作用环节。

在生活服务方面，银行账户通过与居民家庭的水、电、气和热力表等连接，可以实现远程查询和自动缴费；医疗机构、银行与用户三方互联，医生可通过可穿戴设备知晓用户的身体状态，而银行则结合医疗数据、用户数据等为用户提供支付、保险、贷款等服务。

3. 安全的金融体系

如图3-13所示，5G时代下，金融体系发展的稳定性也会大

图3-13　5G助力金融体系发展的稳健性

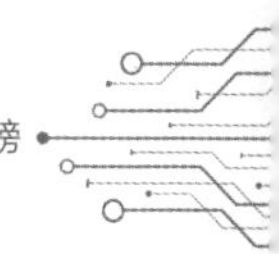

大提升。伴随着银行用户越来越多，金融行业的数据量将会呈现出爆发式的增长。这样一来，相关技术人员可以借助这些数据，详细分析企业以及个人的自然属性、经济行为等，从而提高金融行业数据分析的准确性和完整性。与此同时，金融行业通过应用5G技术，在金融数据的采集呈现指数级增长的基础上，也会催生出可信度更高、维度更广的金融信用评级体系，从而可以有效屏蔽或过滤虚假信息，彻底解决当前评级体系中存在的主观性强以及可靠性差等问题。

与4G技术相比，5G技术有更快的网络传输速度、更低时延，因此，4G技术中存在的网络拥堵、交互延迟以及安全性差等缺陷将会在5G时代得到有效的解决。5G网络能使交互延迟的时间大大降低，用户支付交易将非常高效。在这种超低交互延迟时间的情况下，基于用户生物信息的安全审核模式，可有效遏制不法分子的诈骗行为，有效保障用户的资金安全。

4. 总结与展望

随着技术发展日新月异，传统银行朝数字型银行、智能型银行方向发展已成必由之路。5G技术将给金融服务行业带来革命性的变化，一方面提高用户高效支付的体验，另一方面可有效增强用户移动支付的安全性。未来，银行的竞争将不再局限于业务形态、客户群以及产品的竞争。在同质化日益严重的大背景下，只有借助5G技术的应用和推广，解决传统银行在智能化转型中存在的技术故障、风险漏洞等悬而未决的难题，金融服务行业才能行稳致远。

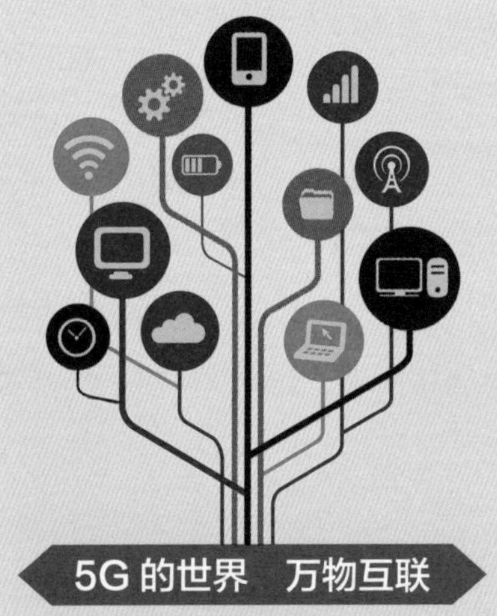
5G 的世界　万物互联

第四章 超乎想象：技术为王，人类何去何从

在前面的几个章节中，我们讲述了5G的技术特点、5G对垂直行业和社会生活带来的巨大变化。因为5G的到来，人类的生活更加便捷，社会更加智能，而传统行业也因为5G的赋能而焕发出新的活力。由5G催生的各类产业升级换代，在提高生产力的同时，提供更多的就业机会，创造出更多的物质财富。技术飞速发展，时代高歌猛进，大有一骑绝尘之势。站在奔流的时代河川之上，我们不禁要问：在5G之后，技术将走向何方？裹挟在5G、人工智能、生物技术等高科技洪流之中的人类，是把命运全然交付，任技术为王，带着人类一路狂奔，如脱缰的野马？还是依然保有人类的理性与思想，始终紧握手中的缰绳，让技术造福人类，但同时牢牢把握掌控权？很难想象，一辆不断加速的列车，能够永远奔驰而不脱轨。自瓦特发明蒸汽机以来，人类科技的加速发展已经持续了近300年，我们在享受技术带来的各种便捷和利益的同时，不能不认真思考：人类科技的列车加速发展的“安全极限”在哪里？数据的产生、存储、运算、传输的增长是否需要我们主动设置一个“数据天花板”？

一、5G之后技术走向何方

5G技术是当下社会关注的热点和技术研发的核心，更是信息领域各方势力角逐的焦点。即便如此，我们依旧可以大胆畅想一下6G时代，畅想一下未来万物互联、智慧互联的新时代。

（一）应用需求大爆炸

要畅想新时代，首先要聊聊6G时代的愿景。众所周知，5G让万物互联成为现实，而6G则使得整个世界的信息泛在可取、全面覆盖。在6G的世界中，虚拟与现实交相辉映，人与人、人与物、物与物均实现了全面数字化，并组成一个庞大的数字世界。为实现更智能、更高效的信息传递，人工智能与通信技术相结合，这将大大帮助人类进一步解放生产力，提高社会的整体资源配置，实现智能自治。

6G的愿景是实现众多产业及应用场景的赋能。据预测，在6G系统中，数据流量和无线设备的数量将大大增加，每立方米可能会拥有上百个设备，因此每个6G系统的链路峰值吞吐量将超过太比特每秒（Tb/s）。以道路交通为例，泛在的智能车辆和机器人都是高度移动下的计算节点，此时要实现精准的识别和调度，急需实现精确的波束控制和3D场景交互。据估算，该场景下移动通信的峰值传输速率将为100Gb/s~1Tb/s，时延小于10μs，因而迫切需要超宽带移动网络和超低时延技术。以无线自动化工厂为例，各个设备需要实现高精度的设备同步，其精度高达1μs，超低时延通信就显得极为重要。以显示技术为例，随着传感器、成像设备的大规模应用，设备与人体感官的无缝连接成为可能。AR/VR技术走入寻常百姓家，可穿戴显示器将以前所未有的分辨率、高帧数和宽动态范围实现视觉成像。同时，高速成像、健康监测、图像识别与智能处理、定位与传感，将准确地捕捉人类生活的各个细节。而这显然超出了现有无线网络的通信承

载能力，因此更大的数据量、更高的数据传输密度将是下一代移动通信的关键性技术。

图4-1是5G和6G核心需求的比较。可以看到，6G系统对数据密度、速率、时延具有更高的要求，使得6G系统可以满足空、天、地、海的任何需求，同时对于更高速、更可靠的通信也提出了更高的要求。要满足以上核心需求，6G的主要发展趋势将具有以下特点：

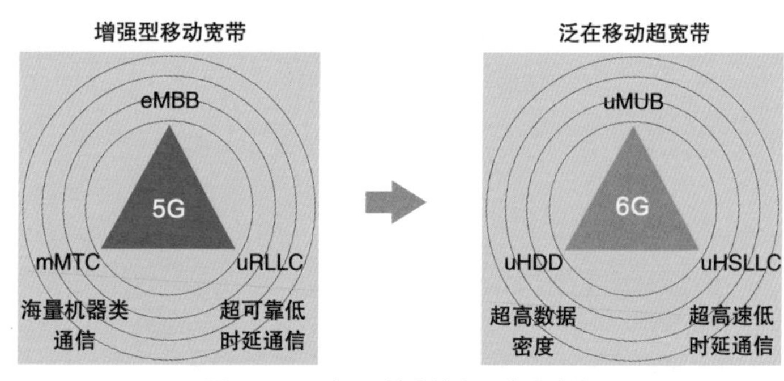

图4-1　5G与6G技术核心需求的比较

（1）全频谱：工作频段覆盖从微波、毫米波、太赫兹到激光的高光频和全频谱系统。

（2）全覆盖：遍及地面、海域、空中、太空等无处不在的移动超宽带。

（3）全融合：将通信、控制、传感、计算、成像等技术融合，形成一个多用途、多功能系统。

（4）全智能：形成从应用层到物理层，自上至下的智能网络系统。

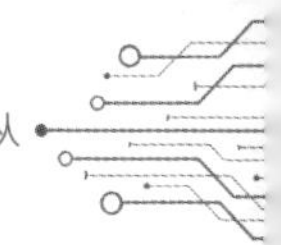

（二）系统性能大飞跃

结合多个应用场景，泛在移动超宽带（uMUB）、超高速低时延通信（uHSLLC）、超高数据密度（uHDD）是6G时代无线通信系统的三大关键技术指标。基于以上三大关键技术指标，端到端通信、传感、计算协同、光子与人工智能等领域相互融合，可以初步构建两个候选的6G方案：一是多功能融合、全频谱、全光子无线接入网络；二是激光-毫米波融合的100Gb/s、高光谱、空天地海一体化网络。

为实现超高峰值速率，通常不能仅提高频谱效率，还须增加系统带宽。为实现更大的无线电带宽，需进一步利用亚太赫兹和太赫兹频段。尽管6G还将利用较低频率实现移动蜂窝大面积覆盖，但超高效的短距离连接解决方案将是6G的关键，而6G是更高频段可以发挥作用的领域。空间损耗对于信号传输具有重大影响，尤其是在传输距离较长的情况下（在400GHz下，空间损耗约为100dB/10m）。如图4-2所示，从30GHz开始直到进入太赫兹区域时，自由空间损耗的增加非常小，但不同频段处的自由空间损耗各不相同，相对而言，太赫兹无线电频谱大气吸收峰之间有多个有利频谱窗口，均可用于信号传输。2019年11月26日，ITU在2019世界无线电通信大会（WRC-19）上充分讨论，最终商定了将275~296GHz、306~313GHz、318~333GHz和356~450GHz共计137GHz频谱资源用于固定和陆地移动业务。从某种意义上说，这将极大地推动太赫兹技术的快速发展，使其在未来6G移动通信中发挥重要作用。

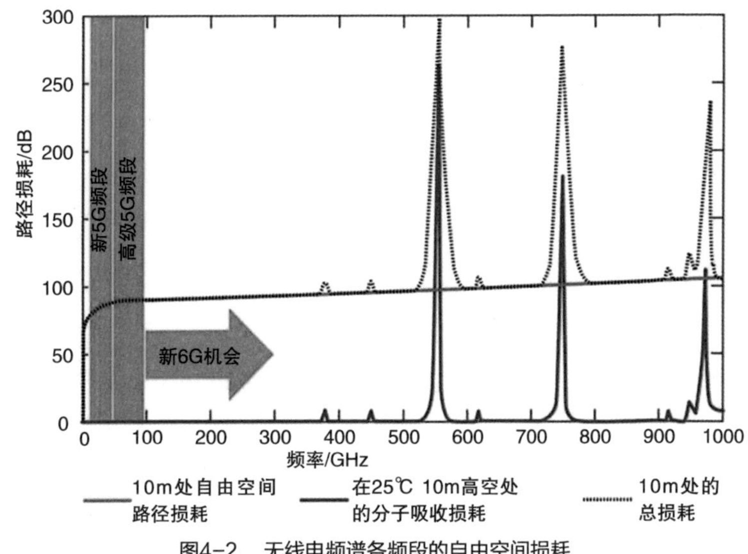

图4-2　无线电频谱各频段的自由空间损耗

多制式集成也是6G技术的发展趋势之一。从4G通信技术开始，蜂窝、Wi-Fi、蓝牙已成为手机的标准配置，在6G系统中，更密集地实现多个频率、多个应用模式将成为研究重点。卫星通信是一种潜在集成制式，为了覆盖世界各个地区，集成卫星通信需要提高其覆盖能力。在前几代移动通信系统中，考虑到终端尺寸、成本等复杂问题，卫星通信功能并未集成到手机中。在最近几年，随着越来越多的低地球轨道卫星的部署，以及卫星链路预算降低，卫星与蜂窝系统集成将成为可能。

除此以外，6G潜在的技术发展趋势还有超大规模天线、太赫兹技术、新型编码调制机理、全频段通信、空天一体化、柔性网络、人工智能等。这些技术相互辅助，可以共同构建6G网络的初步架构，满足以下几点初步构想：①自适应服务网络。6G

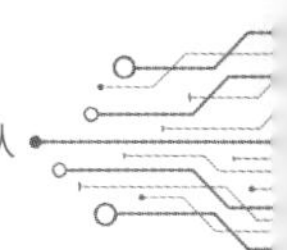

系统可以根据用户的需求实现网络服务的最优配置。②即插即用的快速反应。在现有的蜂窝网络架构的基础上，进一步实现革新和简化，从而实现极简的移动通信网络架构，加速信息的传递速度。③自治的柔性网络。在6G系统中，将逐步实现全软件定义的端到端网络、网络协议的前向兼容、去小区的网络架构，以及以用户为中心的网络自治与自我演进。④智慧网络。实现AI全网赋能，实现网络、算力、智能皆无处不在的智慧网络。⑤超高的网络安全。数据量提升给生活带来便捷的同时，也给信息安全带来很大的挑战。让网络具有更强大的免疫能力，需要研究风险预判算法。

但是，值得注意的是，6G技术的发展还面临着诸多挑战。首先，由于频段较高，路径损耗将进一步升高，此时需要射频放大器和天线提供额外的增益。第三代化合物半导体甚至是下一代化合物半导体工艺的研发，以及更大规模的天线阵列，将是发展6G射频硬件的难点。其次，能耗也是一大挑战，对于低速率的传感系统而言，其需要具备能量收集能力；而对于通信基站这种高能耗设备，更高的效率将极大地降低设备运营成本。最后，在太赫兹频段，现有的半导体工艺的材料属性及器件寄生效应将发生较大的变化。如何进一步提出更适合的硅基或Ⅲ-V族半导体技术，甚至将电子器件与光学器件互补结合，将是6G技术发展的方向。

（三）智能的无线网络

在6G的世界里，数字世界和物理世界将纠缠在一起，人们

的生活将取决于网络的可靠运行。但是，无论是在数字世界还是物理世界，网络都有可能受到攻击，信息安全将困扰整个6G网络的运行。为解决这个问题，需要在无线网络中添加信任模型，使用户可以信任网络上的通信。此时，信任模型需要在个人和组织实体之间不停地收集信息，快速并准确地追溯攻击的源头，从而保障网络安全。

在6G通信网络中，机器学习和人工智能是关键技术。其中，机器学习依赖于大量数据的挖掘，并根据收集的数据实现信息识别。为了处理这些数据，6G网络还须具备“智能”的能力，比如自行配置或管理复杂网络。除此以外，另一个备受关注的技术是区块链，该技术有利于进一步整合技术，实现智能、互信的无线网络。

人工智能技术赋予了无线通信技术巨大的潜能，将机器学习应用于射频信号处理、频谱挖掘、射频频谱映射，可以极大地提高通信容量预测，实现自动优化、网络资源调度与切片。通过优化和管理通信系统，可以大大减小系统复杂度，进而削减网络部署成本，将运营商针对通信网络的优化管理转化为针对服务需求的优化管理，从而减小网络优化复杂度，实现高水平的智能优化。从1G到4G，移动通信网络连接的是人与人，该业务相对简单，因此便于管理，只需利用软件系统就可以实现业务与用户管理。但从5G开始，移动通信网络的管理对象还包括海量的智能设备，这些设备和采集的大数据通过场景和服务连接起来，甚至还需要以全息技术、全感技术的方式呈现，而这就需要人工智能技术。

在第一阶段，人工智能技术已经初步用于智能手机，考虑到人工智能拥有每秒万亿级别的计算力，那么AI拍照、图像优化、骚扰信息拦截等都可以轻易实现。而在未来，首先，基于AI的实时翻译、多媒体点播等都可以辅助手机操作；其次，人工智能还能实现远程控制及干预，例如实时的远程监测、干预等医疗服务，智能设备的远程感知等；最后，在5G或6G网络里，人工智能技术还可以用于车辆自动驾驶。在第二阶段，人工智能将被引入并驱动无线通信网络。在6G网络的演进中，要想依靠孤立的指标对网络进行优化，将无法达到满意的效果。此时，要实现更快捷、精细、高效的网络性能，需要在网络的各个层次利用人工智能技术，至于如何在网络中进一步应用人工智能技术，还需要进一步讨论与解决。在最后一个阶段，人工智能技术将在各个应用场景中全面普及，实现智能交互。在这个阶段，越来越多的业务已经不需要人类参与，而是由机器和智能体独立完成。并且，很多业务场景需要多个智能体共同协作完成。为了实现这样的未来愿景，6G需要克服一系列性能挑战，根据业务场景对网络带宽、时延、可靠性、覆盖、能耗、安全性等指标进行精确适配。最终，我们将看到“人、物、智”的互联互通，无论在物理世界还是数字世界，人类社会与人工智能之间，都将实现完全的互联互通。

6G的研发才刚刚开始，因此与实现6G的愿景还有相当遥远的距离。每一代移动通信的研发过程都需要全世界无数企业和科研机构的共同协作，在理论科学、材料科学、信息工程学等多个基础学科的共同努力下，才能不断突破一个又一个曾经看似永远

无法逾越的物理极限与工艺极限。这是一个极其艰巨、极其漫长的过程。从理论研究、技术成熟、产业化到大规模商用，至少需要10~20年来一步一步向前推进。

放眼未来，在从5G到6G甚至更新的移动通信技术演进的道路上，人类的探索会永无止境，未来的世界也将因无线通信技术的发展而变得更加精彩。

二、5G之后人类命运将去向何方

如前所述，5G技术不仅是在前四代移动通信技术基础上的演进，更是一种跨越式的发展。5G不仅仅是一种通信技术，它更是一个载体，一个催化剂，给社会和各行各业赋能。它改变的不仅仅是人们的生活，而是整个社会。5G方兴未艾之时，6G已提上议事日程。人类还将创造和体验更高速的无线传输技术。与此同时，随着人工智能技术、生物技术特别是基因编辑技术的快速发展，人类改造自然和自身的能力不断提高，如穿上魔鞋的舞者，高速旋转。但是，在随技术一起飞奔和狂欢的时候，我们需要有另外一种思考。在后摩尔时代，技术的发展如大河奔流，但注定是泥沙俱下。在技术带给我们快捷便利的同时，人类在技术为王的时代会走向何方？不妨让想象的翅膀扇动起来，带我们往前飞一飞，看一看。

（一）人类生活之巨变超乎想象

随着科技的不断发展，人类的生活产生了巨大的变化，吃穿住行的方式都以前所未有的速度被改变。电子产品的辅助甚至完全代劳，使人们可以在日常生活中节省很多时间。在不远的将来，智能家庭机器人的出现，使“衣来伸手、饭来张口”不再是一句空话。同时，智能家居将为人类提供舒适的居住环境，包括温度、湿度甚至负氧离子等的自适应调控，营造一个四季如春的宜人环境，人类可以享受到如温室花朵一般的呵护，再也不用

体会先辈们在寒冷中瑟瑟发抖或者在炙热的天气里汗如雨下的感受。交通工具更加快捷已是毋庸置疑的，李白在诗歌中憧憬的“千里江陵一日还”早已成为现实。飞机、高铁、汽车成为当下便捷的出行工具，在地球上的任意两地来回穿梭，对于很多人来说，已是生活的常态。随着5G时代的来临，自动驾驶汽车将逐步进入人类的日常生活：只要输入目的地，系统会自动规划路线，自动驾驶汽车，将乘客安全送达。移动通信和互联网技术的快速发展，为人类带来的最大便捷是“足不出户，也可知天下大事”。手机、电脑、iPad等终端设备，为人们提供了随时随地接入互联网的便利：了解世界各地发生的大事、名人轶事，在线阅读、看剧、刷屏、在线购物，利用VR体验不用亲临的旅游……即使宅在家里，也可以获取所需的一切信息，而不用与外界真实接触。

科技高速发展为人类带来的，除了上述衣食住行的便利之外，还有人类寿命的延长。随着生活条件和医疗条件的改善，人类的平均寿命目前已经超过70岁。随着科技的进一步发展，人类平均寿命超过100岁将不会是梦想。更令人振奋的进步将得益于人工智能和基因编辑等技术的发展。随着人工智能的发展，生命个体正在经历从第一代、第二代到第三代的不断演进。广义的生命可以看作一种能够自我复制的信息处理系统，物理结构是其硬件，而行为和思想是其软件。美国麻省理工学院物理学家迈克斯·泰格马克（Max Tegmark）在《生命3.0》一书中，把生命分为三个阶段。当下的人类只能算处在第二个阶段，叫作“生命2.0”，我们能够学习新知识，升级自己的思想（“软件”），

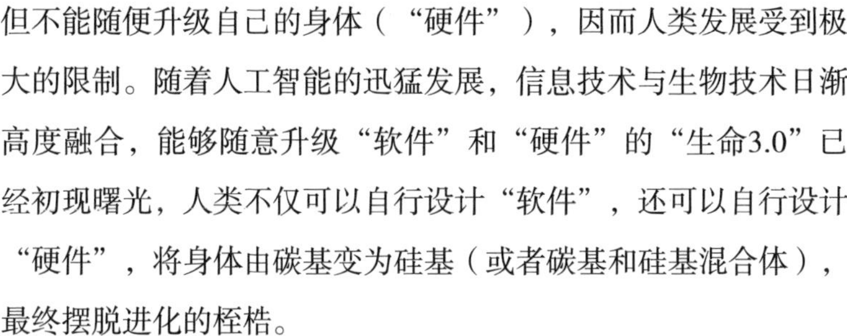

但不能随便升级自己的身体（“硬件”），因而人类发展受到极大的限制。随着人工智能的迅猛发展，信息技术与生物技术日渐高度融合，能够随意升级“软件”和“硬件”的“生命3.0”已经初现曙光，人类不仅可以自行设计“软件”，还可以自行设计“硬件”，将身体由碳基变为硅基（或者碳基和硅基混合体），最终摆脱进化的桎梏。

科技发展带给人类的红利有目共睹，特别是生活的便捷舒适不容置疑。但是，这其中是否也隐含着人类深刻的危机？便捷的网络技术带来网络隐患，铺天盖地的真伪难辨的海量碎片化信息，让人们沉迷其中，也迷失其中。时间被碎片化，注意力被分散，很难专注。同时，便捷的网上搜索引擎，替代了很多人的深度思考和系统学习，大脑空心化不再是一个耸人听闻的伪命题。如此种种，对于人类不啻是一个严峻的挑战。完全不与外部世界接触的宅男宅女，与外界缺少真实的接触，与他人也缺少面对面的沟通，共情能力日渐缺乏。人类对生命进行升级的基因编辑技术，虽然对于人类的进化有着重大的意义和价值，但由此可能引发的伦理甚至罪恶，都将隐伏其中，带来危机。对于人类未来的走向，我们在保持乐观态度的同时，也需要思考和谨慎相待。

（二）人类被机器取代是否成真

如我们所知，人类的发展史，其实也是技术变革的历史。但是，对于技术的变革，人类并非一直抱有欢迎的态度，可以说是又爱又恨。传统观念认为，人类对于科技的恐惧始于18世纪英国工业革命初期颠覆经济秩序之时，彼时人们对科技的恐惧已经根

深蒂固。发明纺织机械的初衷是提高织布效率，但纺织工人却发起了抵制运动，因为他们害怕失去工作机会。人们憎恨提高生产力的科技进步，甚至出现专门毁坏动力纺织机的“卢德分子”，后世将其引申为持有反技术创新和反科技创新观点的人。

后来，不断的经济发展证明“卢德分子”对科技的仇视是错误的，他们对科技的恐惧毫无根据，因为科技大大提高了人们的生活水平。几个世纪以来，我们看到科技的进步带来了经济的繁荣，创造了史无前例的物质财富。可以说，在所有经济领域，科技惠及劳动者是大家已经普遍接受的正统观念。但是，进入20世纪末期，人们开始不再那么自信了。

我们知道，生产力的两个要素是资本和劳动者，二者本来是互补而非替代关系。新的资本（机器是其中重要的一种）往往可以提升劳动者的效率，它可以替代一些劳动者，但还会创造一些新的、更富有创造性的工作来消耗新的资本，所以工人的工资还是会上涨。但是，现在的情形不再如此，而是出现了一种新的可能性：资本可以完全替代劳动者。也就是说，有了一批专门设计的机器，它们可以做劳动者所能做的工作，而且做得更好。由此看来，机器取代劳动者，就不是无稽之谈。

我们把劳动者的技能按照高低顺序画出一个技能图谱，来看一看科技进步是如何从低到高冲击这个图谱的。200多年来，科技一直在改变劳动的性质和特定技能的价值。第一个转折点触及手工匠人。最初，工业革命的崛起使完全凭手艺制作产品的匠人贬值了，那些没有多少技术的工人反而获利，因为他们很快学会了操作新机器。第二个转折点轮到没有技术的工人。20世纪初，

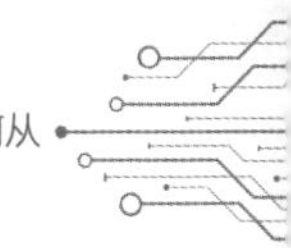

电的广泛使用使更加精密的机械出现了，而精密的机械需要受过良好教育和熟练掌握技能的工人来操作。这个时候，没有技术的工人倒霉了，而受过教育的工人大受欢迎。第三个转折点波及具有中等技术水平的工人。从20世纪80年代起，信息科技已经发展到机器可以接管中等技术水平的工作，比如记账、结算、重复性的工厂工作。这几大类工作岗位的数量不断减少，从事这类工作的人数不断减少，工资水平也停滞不前。但是，这种发展趋势有所限制，在技能图谱的两端，掌握高技能和低技能的人的处境要好很多。信息科技的发明还没有发达到能够接管法律顾问、医生和金融专家等高技能人士的工作，还无法完成问题判断、协调及解决等任务。在技能图谱低端，信息科技也没有太大的威胁，因为计算机最不擅长那些需要身体高灵敏度的工作，比如家庭保健、园艺师、厨师等。

现在，第四个转折点来了。信息科技高速发展，影响已经触及技能图谱的两端，没有人可以高枕无忧。大数据、云计算、人工智能、5G等高科技的融合发展，正在以惊人的速度接管技能图谱高端——医生、律师、管理者、工程师、教授的工作。我们原本以为这些工作需要高水平认知才能完成，高技能人士不会受到计算机竞争的威胁，但显然我们错了。借助大数据和超算等软硬件，它们比人类更快、更准确。更令人惊讶的替代，出现在技能图谱的另外一端，也就是那些对认知要求不高，却消耗体力的低技能、低收入工作领域。在过去几十年里，计算机干不了这个。但是，令人担忧的冲击还是来了。科技的发展不断提升机器人的性能，包括各种智能系统的出现，使原来在技能图谱低端的

驾驶、清洁、危险环境的人工操作等，完全可以被机器替代，它们甚至做得更好。

与此同时，我们要注意到，科技的发展趋势非但没有减速，反而在加速。因此，对人类工作的冲击趋势正在加剧，而不是消减。一位媒体记者曾经向麻省理工学院媒体实验室创始人Nicholas Negroponte提出一个问题："5年或者10年以后，人类在哪些方面能够胜过计算机？"他的回答是："除了'享受'，其他几乎没有。"这样的答案是令人沮丧的，因为人类无法想象，也无法承受一个只有享受而没有创造的人生，那将毫无意义。

虽然，上述提到的威胁或者替代在我们有生之年不会完全发生，但它已经开始发生，而且将势不可挡。作为人类，我们该何去何从？与高科技一争高下，比机器更强？答案是不可能。要想找到答案，我们需要审视的，不是机器，而是人类自身。

我们需要回到最初，回望我们的内心，或许可以得到力量，看到希望。人性具有惊人的价值，人类正是凭借这种天性，披荆斩棘，超越了地球上所有的生命形式，创造了辉煌的历史。那么，深刻地认识到这种天性，充分地尊重这种天性，人类才有可能掌控好命运的核按钮，在高科技的加持下，乘风破浪，去往更远、更好的未来。

附录　专业术语中英文对照

英文缩写	英文全称	中文翻译
AAU	Active Antenna Unit	有源天线单元
ADC	Analog Digital Converter	模数转换器
AF	Application Function	应用功能
AI	Artificial Intelligence	人工智能
AMC	Adaptive Modulation and Coding	自适应调制编码
AMF	Access and Mobility Management Function	访问和移动管理功能
AMPS	Advanced Mobile Phone System	高级移动电话系统
API	Application Programming Interface	应用程序编程接口
App	Application	手机软件
AR	Augmented Reality	增强现实
ARU	Active Radio Unit	有源射频单元
ASIC	Application Specific Integrated Circuit	特殊应用集成电路
AT&T	American Telephone & Telegraph	美国电话电报公司
AUSF	Authentication Server Function	身份验证服务器功能
BBU	Building Baseband Unite	室内基带处理单元
BWP	Bandwidth Part	带宽部分
Cat	Category	分类
CCSA	China Communications Standards Association	中国通信标准化协会
CDMA	Code Division Multiple Access	码分多址
CDN	Content Delivery Network	内容分发网络
CN	Core Network	核心网
CPE	Customer Premise Equipment	客户前置设备
CPRI	Common Public Radio Interface	通用公共无线接口

续表

英文缩写	英文全称	中文翻译
C-RAN	Cloud RAN	云无线接入网络
CS	Circuit Switching	电路交换
CSMF	Communication Service Management Function	通信服务管理功能
CU	Center Unit	中心单元
D2D	Device to Device	设备到设备
DAC	Digital to Analog Conversion	数模转换
D-AMPS	Digital AMPS	数字化高级移动电话系统
DBF	Digital Beamforming	数字波束成形
DIS	Digital Indoor System	数字室内系统
DPD	Digital Pre-distortion	数字预失真
DU	Distribution Unit	分布单元
ECPRI	Enhanced Common Public Radio Interface	增强型通用公共无线接口
EDGE	Enhanced Data Rate for GSM Evolution	增强型数据速率GSM业务
EIRP	Equivalent Isotropically Radiattion Power	等效全向辐射功率
eMBB	Enhanced Mobile Broadband	增强型移动宽带
eMTC	Enhanced Machine Type Communication	增强型机器类通信
eNB	Evolutionary Node Base-station	演进型基站（4G移动基站）
EPC	Evolved Packet Core	分组核心网
ETSI	European Telecommunications Standards Institute	欧洲电信标准化协会
FCC	Federal Communication Commission	美国联邦通信委员会
FDD	Frequency Division Duplexing	频分双工
FDMA	Frequency Division Multiple Access	频分多址
FFT	Fast Fourier Transform	快速傅立叶变换
FHD	Full High Definition	全高清
f/s	Frame per Second	帧/秒

续表

英文缩写	英文全称	中文翻译
FPS	First-Person Shooting Game	第一人称射击类游戏
FR	Frequency Range	频率范围
G	Generation	代
G&D	Giesecke&Devrient GmbH	捷德公司
Gb/s	Gigabit per Second	千兆比特/秒
GMSK	Gaussian Filtered Minimum Shift Keying	高斯最小频移键控
gNB	Generation Node Base-station	5G移动基站
GPRS	General Packet Radio Service	通用无线分组业务
GPU	Graphics Processing Unit	图形处理器
GSM	Global System for Mobile Communications	全球移动通信系统
HARQ	Hybrid Automatic Repeat Request	混合自动重传请求
HBF	Hybrid Beam Forming	混合波束成形
Hicap	High Capacity Version of NTT	高容量日本电报电话系统
HSDPA	High Speed Downlink Packet Access	高速下行分组接入
HSPA	High Speed Packet Access	高速分组接入
HSUPA	High Speed Uplink Packet Access	高速上行分组接入
IAB	Integrated Access and Backhaul	综合接入和回传
IDEN	Integrated Digital Enhanced Network	集成数字增强型网络
IEEE	Institute of Electrical and Electronics Engineers	电气和电子工程师协会
IFFT	Inverse Fast Fourier Transform	快速傅立叶逆变换
IMSI	International Mobile Subscriber Identity	国际移动用户识别码
IMT	International Mobile Telecommunications	国际移动电信
IMT-2000	International Mobile Telecommunications-2000	国际移动通信2000
IMT-Advanced	International Mobile Telecommunications-Advanced	高级国际移动通信
IMTS	Improved Mobile Telephone Service	改进型移动电话服务

续表

英文缩写	英文全称	中文翻译
IoT	The Internet of Things	物联网
IP	Internet Protocol	国际互联协议
ITS	Intelligent Transportation System	智能运输系统
ITU	International Telecommunication Union	国际电信联盟
ITU-R	Radiocommunication Sector of ITU	国际电信联盟无线电通信部门
LTE	Long Term Evolution	长期演进
LTE-A	LTE-Advanced	长期演进升级版
LTE-M	LTE-Machine to Machine	LTE演进物联网
MAC	Media Access Control	媒体存取控制
MBB	Mobile Broadband	移动宽带
Mb/s	Million Bits per Second	兆比特/秒
MEC	Mobile Edge Computing	移动边缘计算
MIMO	Multiple-Input and Multiple-Output	多输入多输出
MMORPG	Massive Multi-player Online Role-Playing Game	大型多人在线角色扮演游戏
mMTC	Massive Machine Type Communications	海量机器类通信
MOBA	Multi-player Online Battle Arena	多人在线战术竞技游戏
MoU	Memorandum of Understanding	谅解备忘录组织
MTS	Mobile Telephone Service	移动电话服务
Multi-layer/Multi-RAT	Multi-Radio Access Technology	不同层/无线接入技术
NB-IoT	Narrow Band Internet of Things	窄带物联网
NE	Network Element	网元
NFV	Network Function Virtualization	网络功能虚拟化
NMT	Nordic Mobile Telephone	北欧移动电话系统
Node B	Node Base-station	3G移动基站

续表

英文缩写	英文全称	中文翻译
NP	Network Processor	网络处理器
NR	New Radio	新空口
NSA	Non-Stand Alone	非独立组网
NSSF	Network Slice Selection Function	网络切片选择功能
NTN	Non Terrestrial Network	非地面网络
NTT	Nippon Telegraph and Telephone	日本电报电话系统
OFDM	Orthogonal Frequency Division Multiplexing	正交频分复用
OFDMA	Orthogonal Frequency Division Multiple Access	正交频分多址
ORAN	Open Radio Access Network	开放无线接入网
PA	Power Amplifier	功放
PC	Personal Computer	个人电脑
PCF	Policy Control Function	策略控制功能
PDC	Personal Digital Cellular	个人数字蜂巢式通信系统
PDCCH	Physical Downlink Control Channel	物理下行控制信道
PDCP	Packet Data Convergence Protocol	分组数据汇聚协议
PHY	Physical Layer	端口物理层
POS	Point of Sales	销售点情报管理系统（POS机）
PRB	Physical Resource Block	物理资源块
PS	Packet Switching	分组交换
PSK	Phase Shift Keying	相移键控
PSM	Power Saving Mode	节能模式
PSTN	Public Switched Telephone Network	公共交换电话网络
QAM	Quadrature Amplitude Modulation	正交振幅调制
QoE	Quality of Experience	体验质量
QoS	Quality of Service	服务质量

续表

英文缩写	英文全称	中文翻译
RAN	Radio Access Network	无线接入网
RF	Radio Frequency	射频
RLC	Radio Link Control	无线链路控制
RNC	Radio Network Controller	无线网络控制器
RRC	Radio Resource Control	无线资源控制
RRU	Remote Radio Unit	射频拉远单元
RTMS	Radio Telephone Mobile System	无线电话移动系统
SA	Stand Alone	独立组网
SBA	Service Based Architecture	基于服务统一架构
SCDMA	Synchronous Code Division Multiple Access	同步码分多址
SDL	Supplemental Downlink	补充下行
SDN	Software Defined Network	软件定义网络
SIM	Subscriber Identity Module	用户识别模块
SLA	Service Level Agreement	服务等级协议
SMF	Session Management Function	会话管理功能
SUL	Supplementary Uplink	补充上行
TACS	Total Access Communications System	全接入通信系统
TAU	Tracking Area Update	跟踪区更新
TDD	Time Division Duplexing	时分双工
TDMA	Time Division Multiple Access	时分复用
TD-SCDMA	Time Division-Synchronous Code Division Multiple Access	时分同步码分多址
UDM	Unified Data Management	统一数据管理
UDN	Ultra Dense Network	超密集网络
UE	User Equipment	用户设备
uHDD	ultra-High Data Density	超高数据密度
uHSLLC	ultra-High Speed Low-Latency Communication	超高速低时延通信

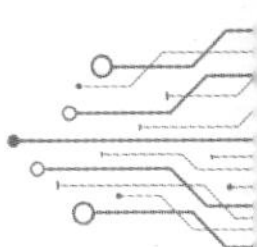

续表

英文缩写	英文全称	中文翻译
UMTS	Universal Mobile Telecommunication System	通用移动通信系统
uMUB	ubiquitous Mobile UWB	泛在移动超宽带
UPF	User Plane Function	用户面路由和包转发
uRLLC	ultra-Reliable Low-Latency Communications	超可靠低时延通信
UWB	Ultra Wide Band	超宽带
V2V	Virtual to Virtual	虚拟机到虚拟机
V2X	Vehicle to Everything	车联网
VR	Virtual Reality	虚拟现实
WAN	Wide Area Network	广域网
WCDMA	Wideband CDMA	宽带码分多址
WiMAX	Worldwide Interoperability for Microwave Access	全球互通微波存取技术
WLAN	Wireless Local Area Network	无线局域网
WRC	World Radio Communication Conference	世界无线电通信大会
WTTc	Wireless to Consumer	无线到消费者
WTTe	Wireless to Enterprise	无线到企业
1xRTT	Single-Carrier Radio Transmission Technology	单载波无线传输技术
2B	to Business	面向商业
2C	to Consumer	面向消费者
2H	to Home	面向家庭
3GPP	3rd Generation Partnership Project	第三代合作伙伴计划
3GPP2	3rd Generation Partnership Project 2	第三代合作伙伴计划2
5GaaS	5G as a Service	5G网络即服务
8PSK	8 Phas Shift Keying	8进制移相键控
16QAM	16 Quadrature Amplitude Modulation	16进制正交幅度调制

参考文献

艾彬，2012．WCDMA系统演进及其准入控制算法研究［D］．西安：西安电子科技大学．

陈亮，余少华，2019．6G移动通信发展趋势初探（特邀）［J］．光通信研究，（04）：1–8．

陈旭，尉志青，冯志勇，等，2020．面向6G的智能机器通信与网络［J］．物联网学报，4（01）：59–71．

丁奇，2011．大话移动通信［M］．北京：人民邮电出版社．

代玥玥，张科，张彦，2020．区块链赋能6G［J］．物联网学报，4（01）：111–120．

段宝岩，2020．后5G与6G天线系统技术演进与创新［J］．Frontiers of Information Technology & Electronic Engineering，21（01）：1–6．

芬兰奥卢大学及70位通信专家，2020．6G的关键特征与挑战［N］．通信产业报，2020–03–30（018）．

胡飞，2020．5G网络的机遇：研究和发展前景［M］．北京：人民邮电出版社．

科技日报，2020．5G已来　6G开始“探路”［J］．技术与市场，27（03）：2–3．

李玉斌，1997．1996年我国移动通信事业的发展概况［J］．邮电商情，（12）：23–24．

刘东，吴启晖，TONY Q S QUEK，2020. 面向航空6G的频谱认知智能管控［J］. 物联网学报，4（01）：12–18.

刘光毅，黄宇红，向际鹰，等，2019. 5G移动通信系统：从演进到革命［M］. 北京：人民邮电出版社.

唐志宣，2004. 第三代移动通信技术（3G）概览［J］. 移动通信，1（1）：13–16.

谭艳梅，曹华，2008. 从1G到3G移动通信技术［J］. 广西质量监督导报，（8）：80.

魏克军，胡泊，2020. 6G愿景需求及技术趋势展望［J］. 电信科学，36（02）：126–129.

魏克军，2020. 全球6G研究进展综述［J］. 移动通信，44（03）：34–36，42.

吴启晖，2020. “物联网与6G”专题导读［J］. 物联网学报，4（01）：1–2.

赛迪智库译丛，2020. 无处不在的无线智能 6G的关键驱动与研究挑战［N］. 中国计算机报，2020–03–16（008）.

吴伟陵，牛凯，2005. 移动通信原理［M］. 北京：电子工业出版社.

尤肖虎，尹浩，邬贺铨，2020. 6G与广域物联网［J］. 物联网学报，4（01）：3–11.

张平，牛凯，田辉，等，2019. 6G移动通信技术展望［J］. 通信学报，40（1）：141–148.

翟尤，谢呼，2019. 5G社会：从“见字如面”到“万物互联”［M］. 北京：电子工业出版社.

AFIF OSSEIRAN，JOSE F MONSERRAC，PATRICK MARSCH，2017. 5G移动无线通信技术［M］. 陈明，缪庆育，刘悟，译. 北京：人民邮电出版社.

MARCOS KATZ，FRANK H P FITZEK，2009. WiMAX Evolution：Emerging Technologies and Applications［M］. West Sussex：John Wiley & Sons，Ltd.

MATTI LATVA-AHO，KARI LEPPÄNEN，2019. Key Driversand Research Challenges for 6G Ubiquitous Wirelessin Telligence［R/OL］. Oulu：University of Oulu.

SEUNG JUNE YI，SUNG DUCK CHUN，YOUNG DAE LEE，et al，2013. Radio Protocols for LTE and LTE-Advanced［M］. Singapore：John Wiley & Sons Singapore Pre. Ltd.

5G是一场技术的革命性飞跃，为万物互联提供了重要的技术支撑，将带来移动互联网、产业互联网的繁荣，为众多行业提供前所未有的机遇，有望引发整个社会的深刻变革。什么是5G呢？5G将如何赋能各个行业，并促进新一轮的产业革命？这些都可以从“5G的世界”这套丛书中寻找到答案。本套丛书首期包括5个分册。

《5G的世界　万物互联》分册由华南理工大学广东省毫米波与太赫兹重点实验室主任薛泉主编，主要阐述移动通信技术迭代发展的历史、前四代移动通信技术的特点和局限性、5G的技术特点及其可能的行业应用前景，以及5G之后移动通信技术的发展趋势等。阅读此分册，读者可以领略一幅编者精心描摹的有关5G的前世今生及未来应用图景。

《5G的世界　智能制造》分册由广州汽车集团股份有限公司汽车工程研究院的郭继舜博士主编，主要介绍工业革命的发展历程、5G给制造业带来的契机、5G助力智能制造的升级，以及基于5G的智能化生产应用等。在这一分册里，读者可以了解5G+智能制造为传统制造业转型带来的机遇，体会制造创新将会给社会带来一场怎样的革命。

《5G的世界　智慧医疗》分册由南方医科大学黄文华、林海滨主编，主要聚焦5G与医疗融合的效应，内容包括智慧医疗与传统医疗相比所具备的优势、5G如何促进智慧医疗发展，以及融入5G的智慧医疗终端和新型医疗应用等。从字里行间，读者可以全面了解5G技术在医疗行业中的巨大应用潜力，切身感受科技进步为人类健康带来的福祉。

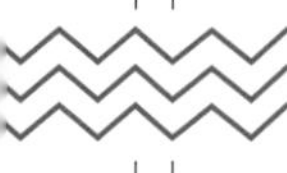

《5G的世界　智慧交通》分册由广州瀚信通信科技股份有限公司徐志强主编，主要阐述智慧交通的发展历程、智慧交通中所运用的5G关键技术和架构，以及基于5G的智慧交通应用实例等。阅读此分册，读者可以充分了解5G技术将引领的未来交通智能化的发展趋势。

《5G的世界　智能家居》分册由创维集团有限公司吴伟主编，主要阐述智能家居的演进、5G助力家居生活智能化发展的关键技术，以及基于5G技术的智能家居创新产品等。家居与我们的日常生活息息相关，阅读这一分册，读者可以零距离感受5G和智能家居的融合为我们的生活带来的便捷与舒适。对于高科技创造出来的美好生活，读者可以在这里一窥究竟。

最后，特别鸣谢国家科技部重点研发计划项目“兼容C波段的毫米波一体化射频前端系统关键技术（2018YFB1802000）”、广东省科技厅重大科技专项“5G毫米波宽带高效率芯片及相控阵系统研究（2018B010115001）”、中国工程科技发展战略广东研究院战略咨询项目“广东新一代信息技术发展战略研究（201816611292）”等项目对本套丛书的资助。

5G以前所未有的速度和力度带来技术的变革、行业的升级、社会的巨变，也带来极大的挑战，让我们在5G的浪潮中御风而行吧。

2020年7月